"创新设计思维"
数字媒体与艺术设计类新形态丛书

Premiere Pro CC

短视频剪辑与特效制作 实战教程

微课版

狄仕林 编著

人民邮电出版社

北京

图书在版编目（CIP）数据

Premiere Pro CC 短视频剪辑与特效制作实战教程：微课版 / 狄仕林编著. -- 北京：人民邮电出版社，2023.4（2024.6重印）
（"创新设计思维"数字媒体与艺术设计类新形态丛书）
ISBN 978-7-115-60384-5

Ⅰ. ①P… Ⅱ. ①狄… Ⅲ. ①视频编辑软件－教材 Ⅳ. ①TP317.53

中国版本图书馆CIP数据核字(2022)第205205号

内 容 提 要

本书通过解析典型案例的制作思路，详细介绍使用 Premiere Pro CC 进行短视频剪辑和特效制作的方法和技巧。同时，还配有微课视频，读者扫描二维码即可观看课堂案例、课堂练习、课后练习的操作视频，有助于读者快速提高短视频剪辑和特效制作的实战能力。

全书共 10 章，第 1 章主要介绍短视频行业的相关知识和短视频剪辑与制作的基本流程；第 2 章～第 9 章主要介绍从基础到进阶的短视频剪辑与特效制作的方法和技巧；第 10 章为综合案例，帮助读者提高对相关知识点和技巧的综合应用能力。

◆ 编　著　狄仕林
责任编辑　许金霞
责任印制　王　郁　陈　犇

◆ 人民邮电出版社出版发行　　北京市丰台区成寿寺路 11 号
邮编　100164　电子邮件　315@ptpress.com.cn
网址　https://www.ptpress.com.cn
山东百润本色印刷有限公司印刷

◆ 开本：787×1092　1/16
印张：13.75　　　　　　　　2023 年 4 月第 1 版
字数：374 千字　　　　　　　2024 年 6 月山东第 5 次印刷

定价：59.80 元

读者服务热线：**(010)81055256**　印装质量热线：**(010)81055316**
反盗版热线：**(010)81055315**
广告经营许可证：京东市监广登字 20170147 号

前言 / FOREWORD

随着互联网的发展，短视频成为一种重要的表达方式，越来越多的人通过短视频表达自我，短视频也在创造着更大的商业价值。短视频的崛起，不论是对我们的工作、生活，还是对我们情感的表达，都带来了极其深远的影响。

本书精选多个具有代表性的案例，将 Premiere 的应用技巧与实际创意完美地结合在一起。本书通过案例演示详细地讲解短视频的制作思路和方法，分析、归纳短视频剪辑与制作的要点和 Premiere 的操作技巧，培养读者的创造性思维，帮助读者独立制作出完整又优秀的作品。

本书在讲解的过程中，尽量避免使用术语，以便初学者理解。此外，本书提供所有教学案例的素材文件及微课视频，以最大限度地方便读者学习。

本书特点

本书精心设计了"课堂案例""课堂练习""小提示""本章小结""课后练习""综合案例"等模块，符合读者吸收知识的过程，能够激发读者的学习兴趣，引导读者举一反三地制作出自己的作品。

课堂案例：结合每节知识点设计的有针对性的案例，帮助读者理解并掌握相关知识。

课堂练习：结合每章内容设计随堂练习，帮助读者强化、巩固所学的知识。

小提示：提示操作方法，扩展相关知识。

本章小结：总结每章的知识点，帮助读者回顾所学的内容。

课后练习：结合每章内容设计难度适中的练习案例，培养读者举一反三的能力。

综合案例：结合全书内容设计的综合案例。

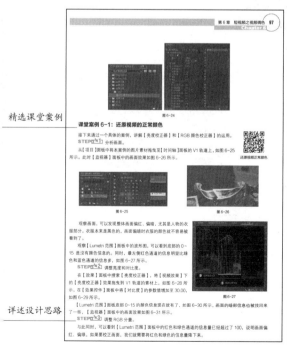

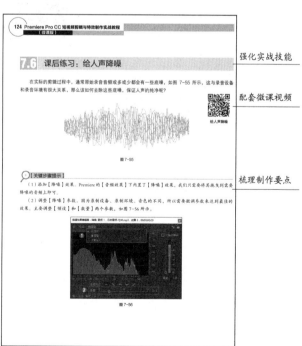

FOREWORD

教学资源

本书提供了丰富的教学资源，读者可登录人邮教育社区（www.ryjiaoyu.com），在本书页面中下载。

微课视频： 本书所有案例配套微课视频，扫描书中二维码即可观看。

6.8 课后练习：城市黑金色调

在介绍 HSL 辅助工具时，提到了通过【吸管工具】可以选取指定的颜色，其实在【曲线工具】下通过【色相饱和度曲线】也可以选取指定的颜色，并调整选中区域颜色的饱和度。

利用这一点，可以制作出很多其他效果，如城市黑金色调，如图 6-100 所示。

城市黑金调

图 6-100

🔍 【关键步骤提示】

（1）选取颜色。单击【色相饱和度曲线】后面的【吸管工具】图标，选取画面中的金色灯光。

（2）保留单一颜色。既然要制作黑金效果，那么只需要保留金色的灯光，将其他颜色的饱和度全部降为 0 即可，如图 6-101 所示。

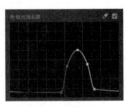

图 6-101

教学辅助文件： 本书提供 PPT 课件、教学大纲、教学教案，还提供了所有案例需要的素材和效果文件，素材和效果文件均以案例名称命名。

PPT 课件 ➕ 教学大纲 ➕ 教学教案 ➕ 素材文件 ➕ 效果文件

编　者

2023 年 3 月

目录　CONTENTS

CONTENTS

CONTENTS

CONTENTS

Chapter

1

第 1 章 走进短视频

1.1.1 什么是剪辑

在正式学习短视频剪辑之前，我们要了解什么是剪辑。剪辑就是将前期拍摄的大量素材，经过选择后，把一系列零散的单个画面、单个镜头组接在一起，最终完成一个连贯流畅、主题鲜明并富有艺术感染力的作品。

剪辑与蒙太奇

美国导演格里菲斯采用了分镜头的拍摄方法，然后把这些镜头在经过剪辑后组接起来，制作出开创性的经典影视作品，因而产生了剪辑艺术。剪辑既是影片制作过程中一项必不可少的工作，也是影片艺术创作过程中进行的一次再创作。法国新浪潮电影导演戈达尔说：剪辑才是电影创作的正式开始。

剪辑师的工作主要包括以下几个部分。

（1）**选择需要的镜头**：决定哪些镜头要呈现在观众面前。

（2）**决定镜头持续的时长**：通过镜头的时长控制画面或段落的节奏、风格、所表达的情绪等。

（3）**安排镜头的分布位置**：通过安排镜头的分布位置来确定讲述故事的方式，例如是倒叙还是插叙等。

1.1.2 什么是蒙太奇

蒙太奇（法语：Montage）是音译的外来语，原为建筑学术语，意为构成、装配，电影出现后又引申出"剪辑"之意。

其实，现在关于剪辑和蒙太奇的概念已经区分得不是那么明显了，二者有的时候是一个意思，只不过"剪辑"更侧重于镜头的选取和组接，而"蒙太奇"更侧重于不同镜头组接在一起时产生的各个镜头单独存在时所不具有的特定含义。

例如，卓别林把工人群众被赶进厂门的镜头与被驱赶的羊群的镜头衔接在一起，普多夫金把春天冰河融化的镜头与工人示威游行的镜头衔接在一起，从而表现出新的含义。

再列举一个浅显易懂的例子。把以下 A、B、C 这 3 个镜头以不同的次序连接起来，就会出现不同的内容与含义。

A：一个人在笑。

B：一把手枪直指着。

C：同一个人脸上露出惊惧的表情。

以上 3 个特写镜头，如果用 A—B—C 的顺序组接，其所传递的内容是：一个原本在笑的人，因为被手枪指着，所以脸上露出了惊惧的表情。这样会使观众感受到那个人面对死亡时的恐惧。

但是，如果把上述镜头用 C—B—A 的顺序组接，则会得到全然不同的效果。

C：一个人的脸上露出惊惧的表情。

B：一把手枪直指着。

A：同一个人在笑。

这个人一开始露出了惊惧的表情，是因为有一把手枪指着他。可是，当他反应过来之后，觉得没有什么了不起，于是他笑了。因此，他给观众的印象是面对危险时淡定从容。

上述例子没有改变这 3 个镜头本身的内容，只是改变了镜头的组接顺序，就可以改变一个场景的寓意，让观众获得与之前截然不同的感受。因此，在剪辑时可以运用蒙太奇手法引导观众的注意力，激发观众的联想和思考。

1.1.3 蒙太奇手法简介

蒙太奇手法主要分为两大类，分别是叙事蒙太奇和表现蒙太奇。叙事蒙太奇主要是以不同的叙事手段表现情节的，主要包括：平行蒙太奇、交叉蒙太奇、重复蒙太奇等。而表现蒙太奇主要用来表达镜头画面之外的含义，主要包括：对比蒙太奇、隐喻蒙太奇、心理蒙太奇等。

接下来简单介绍几个常见的蒙太奇手法，并列举一些常见的例子来帮助读者理解。

1. 平行蒙太奇

平行蒙太奇指的是不同时空，或者不同空间，正在同时发生两条或两条以上的情节线索，采用分头叙述，最后将它们统一在一个完整的结构之中。

如果用一个词语来解释就是"与此同时"。如果用一段话来解释就是"当你背单词时，阿拉斯加的鳕鱼正跃出水面。当你解微分方程时，大洋彼岸的海鸥正飞过费城。当你上晚自习时，极圈的夜空撒满了五彩斑斓。当你为自己的未来努力时，那些你从未见过的风景，那些你以为不会遇到的人，你想要的一切，正一步步向你走来"。

2. 交叉蒙太奇

交叉蒙太奇是指把同一时间、不同空间发生的两条或多条情节线索，迅速而频繁地交替剪接在一起，其中一条线索的发展往往会影响其他各线索的发展，最后将多条线索汇合在一起的组接手法。

这种蒙太奇手法容易引起悬念，制造紧张的气氛，加强矛盾冲突，调动观众的情绪，常用在悬疑片和战争片中。代表电影有宁浩导演的《疯狂的石头》《疯狂的赛车》。

3. 重复蒙太奇

重复蒙太奇指的是让影片中具有一定寓意的镜头在关键时刻反复出现，相当于文学作品中的反复修辞。

使用这种蒙太奇手法将一些需要强调的画面重复出现多次，就能使这些镜头的寓意加深很多倍，从而起到强调和渲染的作用，以达到刻画人物、深化主题的目的。电影《这个杀手不太冷》中重复出现的那盆花就用的是此手法。

4. 对比蒙太奇

对比蒙太奇在内容或形式上让镜头或场景形成强烈对比，相互强调或相互冲突，以表达创作者的某种情绪或思想，它相当于文学作品中的对比描写。例如，在陈凯歌导演的短片《百花深处》中，老槐树和崭新的城市背景形成了鲜明对比，正好对应着人物关系。

5. 隐喻蒙太奇

隐喻蒙太奇是指通过将镜头或场景进行类比，含蓄而形象地表达创作者的某种思想的镜头组接手法，相当于文学作品中的比喻、象征、暗示等。如果用颜色来解释就是：绿色象征着生机和希望，蓝色象征着安静和冷静。

1.2　剪辑行业概述

1.2.1　传统影视行业

随着影视产业的不断发展，我国的电影、电视制作能力和后期包装技术都有了很大的提升。现在所说的传统影视行业，一般指的是电影、电视行业。电视行业的作品如中央电视台的《中国诗词大会》《朗读者》等。电影行业的作品如《流浪地球》《哪吒》等。

剪辑行业概述

1.2.2　新兴短视频行业

短视频是指在各种新媒体平台（如抖音、快手、微博等）上播放的、适合在移动状态和短时休闲状态下观看的视频内容，短视频的时长从几秒到几分钟不等，内容较短，可以单独成片，也可以成为系列栏目。常见的短视频平台如图 1-1 所示。

抖音　　　　快手　　　　微博

图 1-1

短视频的内容涵盖技能分享、幽默搞怪、时尚潮流、社会热点、街头采访、公益教育和商业定制等主题，它并没有像传统影视作品一样具有特定的表达形式和团队配置要求，具有生产流程简单、制作门槛低、参与性强等特点。短视频按内容主要分为以下 5 类。

- **情景短剧类**，如短视频《陈翔六点半》。
- **微型纪录片类**，如短视频《一条》《二更》。
- **个人 IP 类**，如短视频《李子柒》。
- **街访类**，如短视频《拜托啦学妹》。
- **其他类**，包含技能分享、创意剪辑、社会热点等主题的短视频。

1.2.3　剪辑的应用方向

俗话说："技多不压身"。学会 Premiere 这款剪辑软件后，我们会打开更多的创意大门，在未来就业时有更多的优势和选择。目前，剪辑的应用场景主要包括：电视栏目包装、自媒体短视频、微电影、宣传片和影视特效等。

1. 电视栏目包装

电视栏目包装是指对电视节目、频道、栏目整体风格进行个性化的完善、包装和宣传，通过对片头、片尾、角标和字幕条等的设计，在增强栏目特色、加深观众的印象的同时带给观众更舒适的视觉享受。

2. 自媒体短视频

自媒体是相对于主流媒体而言的一种信息传播方式，它是指普通大众通过网络等途径向外发布信息的途径。其内容的主要表现形式有文字、图片、音频和视频等，其中短视频的形式最为直观，在更好地传递内容的同时也能塑造个人 IP。随着短视频行业的火爆，越来越多的人开始制作短视频。目前，短视频制作正朝着专业化的方向发展，因此对剪辑技术有一定的要求。Vlog 就是常见的短视频的一种。

3. 微电影

微电影即微型电影，时长从几分钟到半小时不等。相对电影而言，其制作规模较小、投资较少、制作周期较短，但作品的整体效果很好。很多学校、公司除了会拍摄专门的宣传片外，也会去拍摄符合自身品牌形象的微电影用于宣传。

4. 宣传片

顾名思义，宣传片主要是起到宣传的作用，根据宣传对象有针对性、有目的地进行策划、拍摄、剪辑、制作成片，目的是更好地突显宣传对象的风格面貌。

宣传片根据其拍摄目的和宣传方式的不同可以分为企业宣传片、产品宣传片、公益宣传片、电视宣传片、招商宣传片和个人宣传片等。

5. 影视特效

Premiere 中自带了各种特效，主要分为视觉特效（视效）和声音特效（音效）两大类。我们可以利用 Premiere 中"视频效果"和"音频效果"下的不同特效，实现绿幕抠像、特效合成、视频调色、音效制作等一系列操作。图 1-2 所示为一些特效的展示。

图 1-2

1.3 剪辑的相关理论知识

1.3.1 线性编辑与非线性编辑

线性编辑是一种传统磁带式的编辑方式，所拍摄的素材在磁带上按时间顺序排列。这种方式要求剪辑人员必须对一系列镜头的组接做出确切的判断，事先做好构思，因为一旦编辑完成，就无法随意改变这些镜头的组接顺序。如果要修改，只能对某一个镜头进行同样长度的替换，但要想删除、缩短、加长中间的某一个镜头就不可能了，除非将那一个镜头后的画面抹去重录。

非线性编辑（简称非线编）是指借助计算机对拍摄的素材进行数字化制作的过程。几乎所有的工作都在计算机上完成，对素材的调用也是瞬间实现，不用反反复复地在磁带上寻找，可以按各种顺序组接镜头，因此该编辑方式具有快捷简便、随机的特性。使用 Premiere 剪辑视频就属于非线性编辑，其制作速度和呈现的画面效果相对线性编辑均有很大的提升，而且剪辑人员也拥有更高的创作自由度。剪辑人员利用计算机进行非线性编辑如图 1-3 所示。

剪辑的相关理论知识

1.3.2 常见的电视制式

一般来说，彩色电视机的制式分为 3 种，即 PAL、NTSC、SECAM。各种制式的区别主要在于帧频（场频）的不同、分辨率的不同、信号带宽以及载频的不同等。PAL 和 NTSC 这两种制式是不能互相兼容的，如果在 PAL 制式的电视机上播

图 1-3

放 NTSC 制式的影像，画面将变成黑白的，反之，在 NTSC 制式的电视机上播放 PAL 制式的影像也是一样。

1. PAL 制式

PAL（Phase Alternation Line，逐行倒相）制式又称为帕尔制。PAL 制式指的是每秒 25 帧，隔行扫描

编码的电视制式，采用该种制式的国家和地区包括：中国、印度、巴基斯坦和大部分欧洲国家等。在 Premiere 中新建序列时，选择 PAL 制式的类型如图 1-4 所示。

2. NTSC 制式

NTSC（National Television System Committee，美国全国电视制式委员会）制式每秒发送 30 个隔行扫描帧，是日本、韩国以及美洲大部分国家和地区的主流电视标准。在 Premiere 中新建序列时，选择 NTSC 制式的类型如图 1-5 所示。

图 1-4

图 1-5

3. SECAM 制式

SECAM（Sequential Color and Memory System，塞康制）制式，即按顺序传送彩色与存储，帧频为每秒 25 帧，扫描方式为隔行扫描。该制式于 1966 年在法国研制成功，在信号传输过程中，亮度信号每行传送，而两个色差信号则逐行轮流传送，即用行错开传输时间的办法来避免同时传输时所产生的串色，以及由其造成的彩色失真。

1.3.3 帧的概念

帧是影像动画中最小的单位。一帧就是一幅画面，相当于电影胶片上的一格画面，如图 1-6 所示。我们现在看到的视频，就是由一张张连续的图片组成的，快速连续的多幅画面便形成了运动的假象。一般动画标准是每秒 24 帧（也就是 24 幅画面）。

图 1-6

有的读者可能会问：1 秒内能不能超过 24 帧呢？

当然是可以的，高帧率可以得到更流畅、更逼真的动画。帧率高于 24 帧／秒，镜头效果就是慢动作镜头，也叫升格镜头；相反，帧率如果低于 24 帧/秒，就是降格镜头。在很多极限运动或者旅拍视频中，通常会用升格镜头，以提升视频的质感，渲染氛围。

每秒传输的帧数用 fps 表示，通俗来讲就是指视频每秒的画面数，每秒传输的帧数越多，画面所显示的动作就会越流畅、越细腻。fps 也可以理解为我们常说的"刷新率"，当刷新率过低时，肉眼就能感觉到屏幕的闪烁，动画不连贯，自然就会感觉到"卡"。

1.3.4 像素的概念

像素（Pixel）：屏幕颜色与强度的一个单位，是指由一个数字序列表示的图像中的最小单位。

相机中的像素，其实是最大像素的意思，相机的像素值仅仅是相机所支持的最大有效分辨率。单个像素点的形状与比例如图 1-7 所示。

1:1　　1:1.09　　1:1.46

图 1-7

1.3.5 分辨率的概念

分辨率又称解析度和解像度，它可以细分为显示分辨率、图像分辨率等。显示分辨率就是屏幕上显示的像素个数，分辨率 1920 像素×1080 像素的意思是水平方向上的像素数为 1920 个、垂直方向上的像素数为 1080 个。在屏幕尺寸一样的情况下，分辨率越高，显示效果就越精细。通常情况下，图像的分辨率越高，所包含的像素就越多，图像就越清晰，同时，文件占用的存储空间也会增加。不同分辨率下的图像效果如图 1-8 所示。

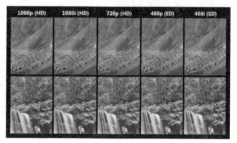

图 1-8

1.4 剪辑的基本流程

剪辑也被称为后期制作，它包括从素材拍摄完成后到成片交付过程中的所有步骤，主要分为获取素材、整理素材、粗剪、精剪和成片输出五大部分。

剪辑的基本流程

1.4.1 获取素材

作为剪辑师，在开始剪辑之前要先获取素材，这些素材包括视频、音频、图片等，可以将搜集的素材保存在 U 盘、硬盘或是邮箱上。一定要确保素材搜集齐全，并且一定要对原始文件进行备份，否则，万一硬盘丢失或者损坏而导致素材缺失，是没办法弥补的。

1.4.2 整理素材

在获取素材后，无论素材多少，都要分门别类地整理好。如果没有一个清晰的分类，我们会发现在接下来的剪辑过程中要找到需要的镜头和素材很困难，尤其是在素材非常多的情况下，会影响剪辑的工作效率。

素材的整理主要分为按机器和机位分类、按时间场次分类、按文件类型分类等，如图 1-9 所示。具体采用哪种方式需要根据项目的大小、素材的多少，以及个人整理素材的习惯而定。当然，在实际的搜集整理过程中，也可以将这几种方法结合起来使用。

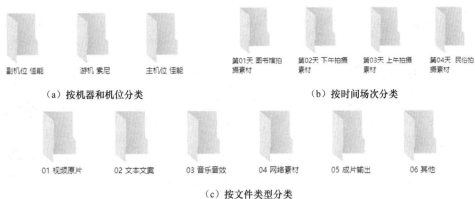

（a）按机器和机位分类　　　　　　　　　（b）按时间场次分类

（c）按文件类型分类

图 1-9

1.4.3 粗剪

粗剪是指在剪辑过程中，将镜头和段落按照先后顺序剪好影片初样。对于影片初样，其故事的雏形已经具备，但依然有很多粗糙之处。

例如，镜头的时长还可以再做调整，各个剪切点可以进一步优化，各种视频特效和音频特效、字幕等都未做处理。但粗剪之后的视频已经可以展示出故事的发展过程和视频的大致框架，如果有调整的话，在此时进行调整会比精剪之后再去调整的难度小很多。因此粗剪是必不可少的过程。

1.4.4 精剪

精剪是指视频的最后一道剪辑过程，在这个过程中会解决之前粗剪遗留的问题，如对镜头长度的选取，对剪切点的修改，对整体节奏的把握、音效的添加、字幕风格的包装等。总结起来主要分为镜头的增删和节奏的把控两个方面。

1. 镜头的增删

删减镜头首先考虑偏离主题、与叙事无关的镜头，这些镜头不仅会扰乱影片的节奏，还会打散整个影片想要表达的内容。尤其要避免镜头的过度堆砌，一件事用 3 个镜头能说清楚就不要用 5 个。

在有些重要的段落需要增加信息量，可分屏插入多个画面，即增加镜头，从而加快视频节奏，进而推动观众情绪的递进。

2. 节奏的把控

节奏的把控包括对音效和音乐的调整，根据音乐调整镜头的节奏。注意前后镜头的逻辑、转场效果、同期声和特效镜头的制作与包装等细节问题。

1.4.5 成片输出

剪辑的最后一步：成片输出。在输出影片的时候需要注意以下两点。

（1）**版本问题**：一般在输出成片的时候，会根据播放平台以及客户的要求输出相应的版本。这个时候一定要做好沟通，避免因为输出参数的设置而影响视频的观看效果。

（2）**备份问题**：跟原始素材的整理备份一样，在输出成片后也要进行备份，避免因计算机或硬盘的损坏导致影片丢失。

1.5 剪辑的高效学习方法

1.5.1 学习"重点"功能

Premiere 中的功能非常多，如果每一个功能都要完全学会的话，会比较费时费力，其中部分功能在实际的剪辑过程中使用得比较少，笔者结合自身多年的剪辑经验，挑选了重点使用的功能来进行讲解。

剪辑的高效学习
方法

例如，在 Premiere 的【新建序列】对话框中，可以看到很多预设序列，如图 1-10 所示。但其实这些预设序列中的大部分我们都用不到，读者只需要明白 DV-PAL 制式和 DV-NTSC 制式就可以了。

图 1-10

1.5.2 实战案例+上手练习

为了方便读者更高效、快速地学习，本书配套了非常多的练习案例，读者通过实际的操作不仅能够理解正在学习的知识，还能够复习之前学习过的知识。在此基础上，读者还能够尝试使用其他章节介绍的功能，为后面内容的学习做铺垫，同时笔者也非常鼓励读者发挥自己的主观能动性，去实现更多的可能。

1.5.3 别盲目记参数，要举一反三

在学习 Premiere 的过程中，切忌死记硬背书中的参数。

使用同样的参数在不同的情况下得到的效果不相同。在学习的过程中，读者需要理解参数为什么这么设置，而不是记住特定的参数值，要弄明白参数是如何影响最终的效果的。明白了这一点，就可以举一反三，通过调整参数值，实现不同的效果。其实，Premiere 中的参数设置并不复杂，读者在学习的过程中，遇到参数设置部分，不一定要完全按照书中给出的参数值去设置，可以尝试各种不同的参数值，对比不同的效果。

1.5.4 先模仿，再创新

在掌握了基础的理论知识和一定的软件操作基础后，读者就可以跟着书中的练习案例，一步步地去操作。在这个阶段，读者的剪辑技术可以得到大幅提高。

接下来，就不要局限于书中的案例，读者可以通过自主创作更上一层楼。如果没有好的想法和创意，读者可以去各大设计网站观摩优秀作品，并结合自己的水平对优秀的作品和案例进行模仿，尽可能地去还原，在模仿的过程中，看看别人用了哪些方法。当然，这个过程不是让大家去抄袭优秀的作品，而是通过模仿来打开思路，提高自己独立解决问题的能力，这样才能"集百家之长"，不断提高自己。

1.6 本章小结

本章带大家初步了解了视频剪辑的相关知识，主要介绍了蒙太奇的定义、蒙太奇手法、剪辑行业、剪辑的相关理论知识，以及剪辑的基本流程。

读者要重点掌握剪辑与蒙太奇和剪辑行业的相关知识。前者是学完本书要达成的目标，通过剪辑技术将视频、音频等素材组接在一起，通过不同的蒙太奇手法，传递给观众不同的心理感受。后者则是让读者明白，在学完本书，掌握一定的技能后，能够在哪些行业发光发热，让自身价值得以体现。

第 2 章　Premiere 基础入门

2.1　认识 Premiere

2.1.1　Premiere 介绍

市面上常见的剪辑软件有很多，主要分为两大类：一类是计算机端的，如 Premiere、Edius、Final Cut 和会声会影等；另一类是手机端的，如剪映、必剪、巧影等。在这些软件中，常用的还是 Premiere，因为它可以和 Adobe 的特效制作软件 After Effects、图像处理软件 Photoshop、音频处理软件 Audition 等产品联动使用。Adobe 软件的图标如图 2-1 所示。本书使用的软件为 Premiere Pro 2021。

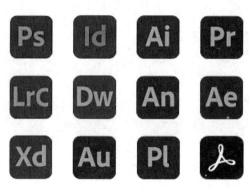

初识 Premiere 软件

图 2-1

Premiere 邻近的几个版本，功能没有太大的变化，差别也就在个别效果名称上，不管使用哪个版本的软件，书中的课程案例都能做出来。

2.1.2　Premiere Pro 2021 对计算机配置的要求

"工欲善其事，必先利其器"，要想更好、更快地剪辑视频，硬件和软件都要到位，Premiere Pro 2021 对计算机硬件参数的要求如图 2-2、图 2-3 所示。

Windows 系统的计算机配置要求如图 2-2 所示。

计算机配置	最低规范 用于 HD 视频工作流程	推荐规范 用于 HD、4K 或更高
处理器	Intel® 第 6 代或更新版本的 CPU，或者 AMD Ryzen™ 1000 系列或更新版本的 CPU	具有快速同步功能的 Intel® 第 7 代或更新版本的 CPU，或者 AMD Ryzen™ 3000 系列、Threadripper 2000 系列或更新版本的 CPU
操作系统	Microsoft Windows 10（64 位）版本 1909 或更高版本	Microsoft Windows 10（64 位）版本 1909 或更高版本
内存	8 GB RAM	双通道内存 • 16 GB RAM，适用于 HD 媒体 • 32 GB 或以上，适用于 4K 及更高分辨率
GPU	2 GB GPU 内存	• 4 GB GPU 内存，适用于 HD 和某些 4K 媒体 • 6 GB 或以上，适用于 4K 和更高分辨率
存储	• 8 GB 可用硬盘空间用于安装；安装期间所需的额外可用空间（不能安装在可移动闪存存储器上） • 用于媒体的额外高速驱动器	• 用于应用程序安装和缓存的快速内部 SSD • 用于媒体的额外高速驱动器
显示器	1920 像素 × 1080 像素	• 1920 像素 × 1080 像素或更高 • DisplayHDR 400，适用于 HDR 工作流程

图 2-2

macOS 系统的计算机配置要求如图 2-3 所示。

计算机配置	最低规范	推荐规范
处理器	Intel® 第 6 代或更新版本的 CPU	Intel® 第 7 代或更高版本的 CPU 或者 Apple Silicon M1 或更高版本
操作系统	macOS v10.15 (Catalina) 或更高版本	macOS v10.15 (Catalina) 或更高版本
内存	8 GB RAM	Apple Silicon： • 16 GB 统一内存 Intel： • 16 GB RAM，用于 HD 媒体 • 32 GB，用于 4K 媒体或更高分辨率
GPU	Apple Silicon： • 8 GB 统一内存 Intel： • 2 GB GPU 内存	Apple Silicon： • 16 GB 统一内存 Intel： • 4 GB GPU 内存，适用于 HD 和某些 4K 工作流程 • 6 GB 或以上，适用于 4K 和更高分辨率的工作流程
存储	• 8 GB 可用硬盘空间用于安装；安装期间所需的额外可用空间（不能安装在可移动闪存存储器上） • 用于媒体的额外高速驱动器	• 用于应用程序安装和缓存的快速内部 SSD • 用于媒体的额外高速驱动器
显示器	1920 像素 × 1080 像素	• 1920 像素 × 1080 像素或更高 • DisplayHDR 400，适用于 HDR 工作流程

图 2-3

2.2 新建并认识项目文件

2.2.1 新建项目文件

STEP 1 双击桌面上的 Premiere 图标，打开软件，此时会弹出 Premiere 的【开始】界面，在该界面中单击【新建项目】按钮，如图 2-4 所示。

STEP 2 此时会弹出【新建项目】对话框，如图 2-5 所示。在【名称】后面设置项目的名称，这里设置为"演示的项目文件"，单击【浏览】按钮，此时会弹出【请选择新项目的目标路径】对话框，为项目选择合适的文件路径，确定好文件路径之后，单击【选择文件夹】按钮，如图 2-6 所示。

图 2-4

图 2-5

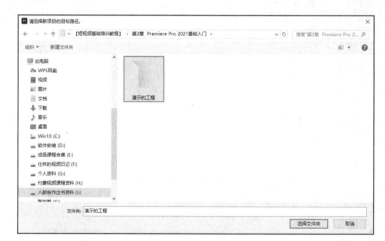

图 2-6

STEP 3 单击【新建项目】对话框中的【确定】按钮，如图 2-7 所示。此时进入 Premiere 的主界面，如图 2-8 所示。

图 2-7　　　　　　　　　　　　　　　　　　　　　　图 2-8

2.2.2　认识项目文件

新建完项目之后，在刚存放项目的文件夹中，带有 Pr 图标的就是项目文件，如图 2-9 所示。

演示的项目文件

图 2-9

用鼠标右键单击该图标，在弹出的快捷菜单中选择【属性】命令，此时可以在弹出的对话框中，看到【文件类型】后面显示的是 ".prproj"，如图 2-10 和图 2-11 所示。它就相当于 ".mp3"".mp4"".mov"，即用来表明文件类型的扩展名。

图 2-10　　　　　　　　　　　　　　　　　　　　　　图 2-11

2.3 自定义工作区

2.3.1 添加或关闭面板

Premiere 软件包含多个工作面板，如果想查看所有的工作面板，可以在最上方的菜单栏中打开【窗口】菜单，如图 2-12 所示。

1. 添加面板

在【窗口】菜单中，若面板名称前方带有 ✓ 符号，即表明该面板会在主工作界面显示。如果要添加面板，此时只需要单击相应面板名称，使其前方出现 ✓ 符号即可。

如想要单独调出【事件】面板，此时只需要在最上方的菜单栏中打开【窗口】菜单，并选择【事件】命令，如图 2-13 所示。

图 2-12

图 2-13

2. 删除面板

Premiere 的面板非常多，在剪辑过程中想要关闭一些使用频率较低的面板，该怎么做呢？

在面板名称的后面都有一个下拉按钮 ▤ ，如果要关闭面板，我们只需要单击 ▤ ，在弹出的菜单中选择【关闭面板】命令即可，如图 2-14 所示。

图 2-14

2.3.2　移动、停靠浮动面板

1．调整面板的大小

将鼠标指针置于两个面板的交界处，鼠标指针会变为 形状，此时按住鼠标左键向左或向右拖曳鼠标，相邻面板的面积就会增大或减小，如图 2-15 所示。

图 2-15

如果想要同时调整多个面板的大小，可将鼠标指针置于多个面板的交界处，鼠标指针会变为 形状，此时按住鼠标左键拖曳鼠标，如图 2-16 所示。

图 2-16

2．调整面板的位置

除了可以调整 Premiere 工作界面中的面板的大小，还可以根据个人的剪辑习惯调整其位置。

图 2-17 所示用方框标注了 3 个面板，分别是左边的【效果控件】面板、右边的【监视器】面板和下方的【时间轴】面板。

图 2-17

假设要将下方的【时间轴】面板放在【效果控件】面板和【监视器】面板的中间，我们只需要将鼠标指针置于【时间轴】面板上方空白处，按住鼠标左键，将【时间轴】面板拖曳至两个面板的中间即可，如图 2-18 所示。

图 2-18

此时，两个面板中间就会出现方框区域，该区域就是放置【时间轴】面板的位置，确定好新的放置区域后，松开鼠标左键即可完成面板的移动。这时，【时间轴】面板就移动到了【效果控件】面板和【监视器】面板的中间，如图 2-19 所示。

图 2-19

3．设置浮动面板

以【效果控件】面板为例，单击下拉按钮 ☰，在弹出的菜单中选择【浮动面板】命令，如图 2-20 所示，此时【效果控件】面板就会浮动在整个工作界面上，如图 2-21 所示。

图 2-20

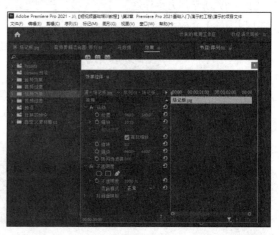

图 2-21

2.3.3 重置工作区

在调整面板的时候，工作区布局被打乱了该怎么办？ Premiere 的工作区是可以进行重置的，重置工作区可以使当前界面恢复到软件默认的布局。

选择【窗口>工作区>重置为保存的布局】命令，或者按组合键 Alt+Shift+0，如图 2-22 所示。

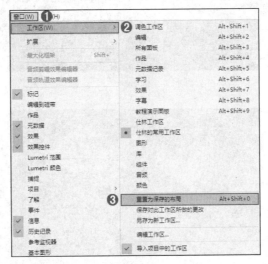

图 2-22

2.3.4 另存为新的工作区并修改顺序

1. 另存为新的工作区

在 Premiere 中可以将调整好的工作区另存为一个新的工作区。找到符合自己剪辑习惯的工作区后，就可以把它保存下来，这样也能提高剪辑效率。

选择【窗口>工作区>另存为新工作区】命令，如图 2-23 所示。

此时会弹出【新建工作区】对话框，设置新工作区的名称后，单击【确定】按钮即可将新工作区保存，如图 2-24 所示。此时，在工作界面的最上面就可以看到刚才保存的新工作区【测试-仕林的新工作区】，如图 2-25 所示。

2. 调整工作区的顺序

如果想调整最上方工作区的顺序，单击工作区右侧的按钮 **»** ，在弹出的菜单中选择【编辑工作区】命令，如图 2-26 所示。

图 2-23

图 2-24

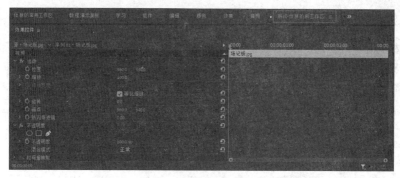

图 2-25

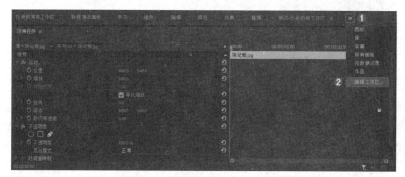

图 2-26

或者选择【窗口>工作区>编辑工作区】命令，如图 2-27 所示。此时会弹出【编辑工作区】对话框，如图 2-28 所示。

图 2-27

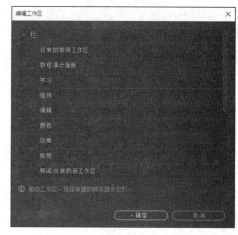

图 2-28

在【编辑工作区】对话框中，选中需要移动的界面，按住鼠标左键将其拖曳至合适的位置后，松开鼠标即可完成移动，接着单击【确定】按钮，如图 2-29 所示。

此时，工作区的顺序发生改变，可以看到刚才保存的【测试-仕林的新工作区】面板，已经移动到了最前方，如图 2-30 所示。

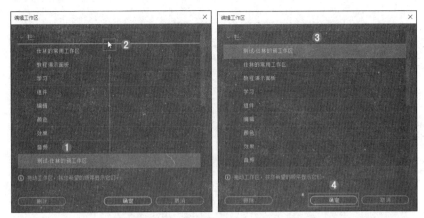

图 2-29

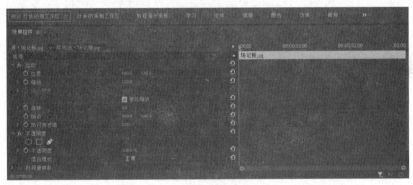

图 2-30

3. 删除工作区

在【编辑工作区】对话框中，选中需要删除的工作区，单击左下角的【删除】按钮，接着单击【确定】按钮，如图 2-31 所示，即可完成删除操作，如图 2-32 所示。

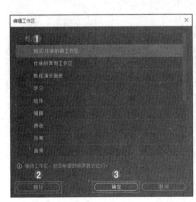

图 2-31　　　　　　　　　　　　　　　　　　　图 2-32

2.3.5　改变工作界面的外观

Premiere 界面调整的可控度比较大，用户可以自定义工作界面的亮度等。选择【编辑>首选项>外观】命令，如图 2-33 所示。

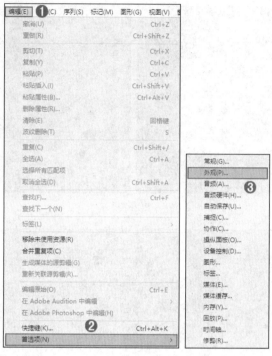

图 2-33

在【首选项】对话框中，可以对 Premiere 的【亮度】及【交互控件】等信息进行修改。如果把这些参数值全部调到最大，可以看到整体界面的亮度和高亮示例部分发生了变化，如图 2-34 所示。

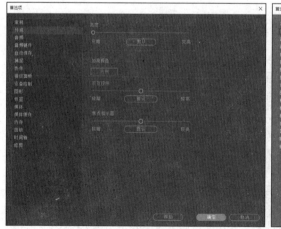 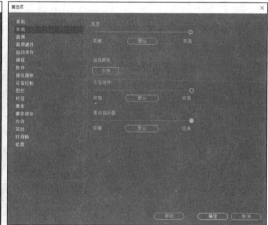

图 2-34

2.4 主要工作面板的重点功能

主要工作面板的
重点功能

Premiere 的工作界面主要由标题栏、菜单栏、【项目】面板、【工具栏】面板、【效果】面板、【效果控件】面板、【时间轴】面板和【监视器】面板等组成，如图 2-35 所示。

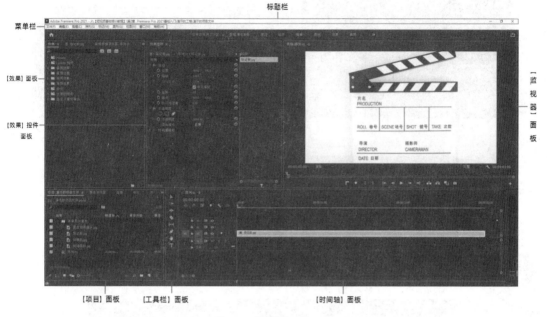

图 2-35

- 标题栏：显示软件名称、版本及文件名称、位置等信息。
- 菜单栏：Premiere 主要功能命令汇总于此，其包括【文件】、【编辑】、【剪辑】、【序列】、【标记】、【图形】、【视图】、【窗口】和【帮助】菜单。
- 【效果】面板：包含软件中的所有音频效果和视频效果等。
- 【效果控件】面板：可以通过该面板，更精细地去控制视频、音频等效果的具体参数。
- 【项目】面板：用于导入、存放、归纳整理素材。
- 【工具栏】面板：用于放置编辑素材时使用的各种工具。
- 【时间轴】面板：视频、音频等素材均在该面板中进行编辑。
- 【监视器】面板：可实时播放素材并能预览素材的剪辑进度。

2.4.1　【项目】面板

【项目】面板用于导入、存放、归纳整理素材，如图 2-36 所示。该面板内的操作按钮及其功能说明如下。

- 返回上一级 ⬛：单击该按钮可快速返回到该素材的上一级文件。
- 从查询创建新的搜索素材箱 ⬛：单击该按钮，在弹出的【创建搜索素材箱】对话框中可快速查找到所需的素材文件，并自动创建一个新的素材箱，如图 2-37 所示。
- 项目可写 ⬛：单击此按钮，在只读与读/写之间切换。
- 列表视图 ⬛：单击该按钮，可切换到列表视图，将所有素材以列表方式展现，组合键为 Ctrl+Page Up。使用列表视图可以清晰地看到素材的名称、帧速率、持续时长等详细信息，如图 2-38 所示。
- 图标视图 ⬛：单击该按钮，可切换到图标视图，将所有素材以图标形式展现，组合键为 Ctrl+Page Down。使用图标视图可以更清晰地看到素材的缩略图，对于挑选素材比较有利，如图 2-39 所示。

图 2-36

图 2-37

图 2-38

图 2-39

- 查找  ：单击该按钮，在弹出的【查找】对话框中可快速查找到所需的素材文件，如图 2-40 所示，组合键为 Ctrl+F。
- 新建素材箱 ：单击该按钮，可以在【项目】面板内新建一个素材箱，用于存放素材。
- 新建项 ：单击该按钮，可通过弹出的菜单，快速地执行各种命令，如图 2-41 所示。

图 2-40

图 2-41

- 清除 ：选中【项目】面板中的素材后，单击该按钮可将选中的素材删除，快捷键为 Delete。

2.4.2 【工具栏】面板

【工具栏】面板用于放置编辑素材时使用的各种工具，如图 2-42 所示。该面板内的操作按钮及其功能说明如下。

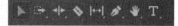

图 2-42

- 选择工具 ：用于选中【时间轴】面板轨道上的素材。
- 向前选择轨道工具 ：选择箭头所指方向的所有素材。
- 向后选择轨道工具 ：选择箭头所指方向的所有素材。
- 波纹编辑工具 ：用于调节素材文件的长度，将素材缩短时，当前素材后方的素材会自动向前跟进。
- 滚动编辑工具 ：使用该工具更改素材的出入点时，相邻素材的出入点也会随之改变。
- 比例拉伸工具 ：用于更改素材文件的持续时长。
- 剃刀工具 ：用于对素材进行剪辑，例如分割素材。
- 外滑工具 ：用于更改素材的出入点位置。
- 内滑工具 ：用于改变相邻素材的出入点位置。
- 钢笔工具 ：用于在素材上自由绘制蒙版的形状。
- 矩形工具 ：用于在素材上绘制矩形蒙版。
- 椭圆工具 ：用于在素材上绘制椭圆和圆形蒙版。
- 手形工具 ：按住鼠标左键并拖曳鼠标，即可在【监视器】面板中调整素材的位置。
- 缩放工具 ：放大或缩小【时间轴】面板中的素材。
- 文字工具 ：选中该工具，在【监视器】面板中单击，输入横排文字。
- 垂直文字工具 ：选中该工具，在【监视器】面板中单击，输入竖排文字。

2.4.3　【效果】面板

【效果】面板包含软件中的所有音频效果和视频效果等，如图 2-43 所示。该面板内的操作按钮及其功能说明如下。

- 查找 ：可以快速查找到需要的效果，如图 2-44 所示。
- 新建自定义素材箱 ：单击该按钮，可以新建一个素材箱，并将常用的效果放在里面，方便剪辑时随时调用，如图 2-45 所示。
- 删除自定义项目 ：在自定义素材箱内选中效果，单击该按钮，可以将自定义素材箱内的效果删除。

图 2-43

图 2-44

图 2-45

2.4.4　【效果控件】面板

在【效果控件】面板中，可以更精细地控制视频和音频等效果的具体参数，如果未在【时间轴】面板中选中素材，那么【效果控件】面板是空的，如图 2-46 所示。

如果在【时间轴】面板中选中了素材，【效果控件】面板中的参数就会被激活，默认状态下会显示【运动】、【不透明度】、【时间重映射】这 3 个效果，如图 2-47 所示。该面板内的操作按钮及其功能说明如下。

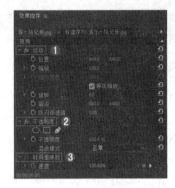

图 2-46　　　　　　　　　　　　　　　　　　图 2-47

- 切换效果开关 **fx**：单击该按钮，可以打开或者关闭效果。
- 切换动画 ⏱️：单击该按钮，可以添加或删除关键帧。
- 重置参数 ↺：单击该按钮，可以重置参数。

2.4.5 【时间轴】面板

视频、音频等素材均在【时间轴】面板中进行编辑，如图 2-48 所示。该面板内的操作按钮及其功能说明如下。

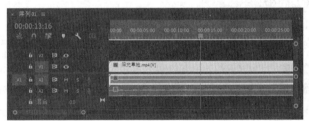

图 2-48

- 播放指示器位置 `00:00:13:16`：显示当前时间指示器所在的位置。
- 在时间轴中心对齐 🧲：在该按钮被激活的情况下，移动素材至前一段素材的开头或结尾，该素材会被自动吸附。
- 添加标记 🚩：单击该按钮，可快速为素材添加标记。
- 时间轴显示设置 🔧：单击该按钮，在弹出的菜单中可以对时间轴显示进行设置，例如显示视频的缩览图和音频的波形图等，如图 2-49 所示。
- 视频 1 轨道 **V1**：V 代表 Video，即视频的意思，V1 代表视频 1 轨道，V2 代表视频 2 轨道，依次类推。
- 音频 1 轨道 **A1**：A 代表 Audio，即音频的意思，A1 代表音频 1 轨道， A2 代表音频 2 轨道，依次类推。
- 切换轨道锁定 🔒：单击该按钮，对应轨道停止使用。
- 切换同步锁定 ⊟：单击该按钮，可限制在剪辑期间的轨道转移。
- 切换轨道输出 👁️：单击该按钮，可以隐藏对应轨道上的所有素材。
- 静音轨道 **M**：M 代表 Mute，单击该按钮可将对应轨道上的所有音频静音。

图 2-49

- 独奏轨道 **S**：S 代表 Solo，单击该按钮，播放时只会单独播放对应轨道上的音频。
- 当前时间指示器 ▮：显示当前时间指示器所在的位置。

2.4.6 【监视器】面板

【监视器】面板可实时播放素材并能预览素材的剪辑进度，如图 2-50 所示。该面板内的操作按钮及其功能说明如下。

- 播放指示器位置 00:00:05:24：显示当前时间指示器所在的位置。
- 入点/出点持续时间 00:00:28:15：显示从入点到出点之间的视频长度。
- 按钮编辑器 ➕：单击该按钮，在弹出的面板中选择剪辑时需要的工具，按住鼠标左键将其拖曳到下方工具栏中即可使用，如图 2-51 所示。

图 2-50

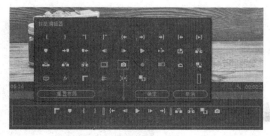

图 2-51

- 标记入点 ：单击该按钮，可设置时间轴上素材的入点，快捷键为 I。
- 标记出点 ：单击该按钮，可设置时间轴上素材的出点，快捷键为 O。
- 清除入点 ：单击该按钮，可以将设置的入点清除，组合键为 Ctrl+Shift+I。
- 清除出点 ：单击该按钮，可以将设置的出点清除，组合键为 Ctrl+Shift+O。
- 转到入点 ：单击该按钮，时间指示器自动跳转到入点的位置，组合键为 Shift+I。
- 转到出点 ：单击该按钮，时间指示器自动跳转到出点的位置，组合键为 Shift+O。
- 添加标记 ：将时间指示器放在需要添加标记的位置后，单击该按钮，可以为素材添加标记，快捷键为 M。
- 转到下一标记 ：单击该按钮，时间指示器会跳转到下一个标记，组合键为 Shift+M。
- 转到上一标记 ：单击该按钮，时间指示器会跳转到上一个标记，组合键为 Ctrl+Shift+M。
- 后退一帧 ：单击该按钮，时间指示器会跳到当前帧的上一帧。
- 前进一帧 ：单击该按钮，时间指示器会跳到当前帧的下一帧。
- 播放-停止切换 ：单击该按钮，播放预览素材，再次单击暂停播放。
- 循环播放 ：单击该按钮，循环播放入点到出点的内容。
- 安全边距 ：单击该按钮，在画面周围显示安全框，如图 2-52 所示。
- 导出帧 ：单击该按钮，可将当前画面导出为一张图片，组合键为 Ctrl+Shift+E。
- 多机位录制开/关 ：在进行多机位剪辑时，单击该按钮会记录并保存多机位镜头的切换。
- 切换多机位视图 ：单击该按钮，可将【监视器】面板切换为多机位的虚拟导播台。
- 切换代理 ：在进行代理剪辑时，单击该按钮，可将原始的高码率、高分辨率的素材切换为低分辨率的代理文件。
- 显示标尺 ：单击该按钮，可在画面周围显示标尺，如图 2-53 所示。

图 2-52

图 2-53

2.5 素材的导入

2.5.1 导入素材的 4 种方法

1. 方法一

选择【文件>导入】命令，如图 2-54 所示，在弹出的【导入】对话框中选择需要导入的素材，单击【打开】按钮如图 2-55 所示，此时刚才选中的素材就被导入【项目】面板中了，如图 2-56 所示。

2. 方法二

在选中任意面板的情况下，按组合键 Ctrl+I，同样会弹出【导入】对话框，接着再选中需要导入的素材，如图 2-57 所示，单击【打开】按钮。

此时选中的素材也会被导入【项目】面板中，如图 2-58 所示。

3. 方法三

在【项目】面板中，双击空白处，如图 2-59 所示，也会弹出【导入】对话框。选中素材后单击【打开】按钮，即可将素材导入。

素材的导入和
新建序列

图 2-54

图 2-55

图 2-56

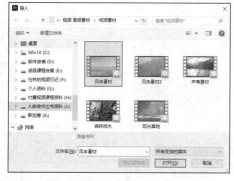

图 2-57

图 2-58

4. 方法四

在素材文件夹中，选中需要导入的素材，按住鼠标左键直接将其拖曳到【项目】面板中，松开鼠标即可将素材导入，如图 2-60 所示。

图 2-59

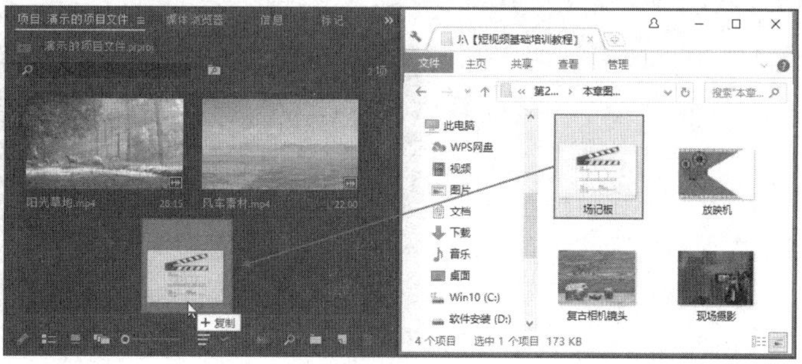

图 2-60

2.5.2 Premiere 支持导入的文件格式

Premiere 支持导入的文件格式随着其版本的更新在逐渐增多，下面整理了 Premiere 支持导入的主流文件格式。

● 视频文件支持 MP4、AVI、MOV、MPEG 等主流视频格式。

- 图片文件支持 JPEG、PNG、PSD、BMP、GIF、TIFF、EPS、PCX 和 AI 等图片格式。
- 音频文件支持 MP3、WAV、AIF、SDI 等音频格式。

2.6 新建序列及保存预设

2.6.1 新建序列

1. 方法一

选择【文件>新建>序列】命令，如图 2-61 所示，此时会弹出【新建序列】对话框，如图 2-62 所示。

图 2-61 图 2-62

2. 方法二

在【项目】面板单击【新建项】按钮，在弹出的菜单中选择【序列】命令，如图 2-63 所示，此时也会弹出【新建序列】对话框。

图 2-63

3. 方法三

在选中任意面板的情况下，按组合键 Ctrl+N，同样也会弹出【新建序列】对话框。

2.6.2 设置序列参数

在【新建序列】对话框中，单击【设置】选项卡，【编辑模式】选择为【自定义】，【时基】设置为

【25.00 帧/秒】，【帧大小】设置为 1920 像素×1080 像素，【像素长宽比】设置为【方形像素（10）】，【场】选择【无场（逐行扫描）】。最后更改一下【序列名称】，如"新建序列-演示"，单击【确定】按钮，如图 2-64 所示。此时新建的序列就会在【项目】面板中显示，如图 2-65 所示。

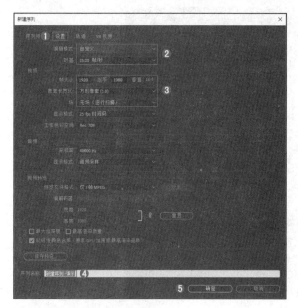

图 2-64

图 2-65

2.6.3　保存序列预设

将设置好的序列参数保存成预设可以提高工作效率，下次需要使用同类参数的时候直接调用即可。

在【新建序列】对话框中设置好参数后，单击左下角的【保存预设】按钮，如图 2-66 所示，会弹出【保存序列预设】对话框，在该对话框中更改【名称】和【描述】后，单击【确定】按钮，如图 2-67 所示，即可保存预设。

图 2-66

图 2-67

　　保存的预设在哪里可以找到呢？在【新建序列】对话框中，单击展开【自定义】文件夹，即可看到刚才保存的预设，如图 2-68 所示。

图 2-68

2.7 课堂练习：《青葱岁月》短片

　　本案例用视频《青葱岁月》来记录那些美好的青春记忆。最终效果预览，如图 2-69 所示。

《青葱岁月》短片

图 2-69

STEP 1 选择【文件>新建>项目】命令，如图 2-70 所示。在弹出的【新建项目】对话框中，更改项目名称为"《青葱岁月》短片案例"，选择合适的存放位置后，单击【确定】按钮，如图 2-71 所示。

图 2-70

图 2-71

STEP 2 在【项目】面板中单击【新建项】按钮，在弹出的菜单中选择【序列】命令，如图 2-72 所示。

图 2-72

在弹出的【新建序列】对话框中，单击【设置】选项卡，在该选项卡下设置序列的参数。设置【编辑模式】为【自定义】，【时基】为【25.00 帧/秒】，【帧大小】选择为 1920 像素×1080 像素，【像素长宽比】选择为【方形像素（10）】，【场】选择为【无场（逐行扫描）】，【序列名称】更改为"青葱岁月-序列"，单击【确定】按钮，如图 2-73 所示。

此时，【项目】面板中就会出现新建的序列"青葱岁月-序列"，如图 2-74 所示。

STEP 3 在【项目】面板中双击，弹出【导入】对话框，在该对话框中选择本案例所需的素材文件，单击【打开】按钮，如图 2-75 所示。将图片、光晕、音乐等素材全部导入【项目】面板中，如图 2-76 所示。

在【项目】面板中展开【图片素材】文件夹，将所有的图片全部拖曳到【时间轴】面板的 V1 轨道上，如图 2-77 所示。

图 2-73

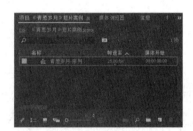

图 2-74

图 2-75

图 2-76

图 2-77

 小贴士

如何修改图片在【时间轴】面板上默认的持续时间？

选择【编辑>首选项>时间轴】命令，如图 2-78 所示。此时会弹出【首选项】对话框，在【静止图像默认持续时间】栏可以自定义图片的持续时间，改好之后，单击【确定】按钮即可，如图 2-79 所示。修改之后需重启软件。

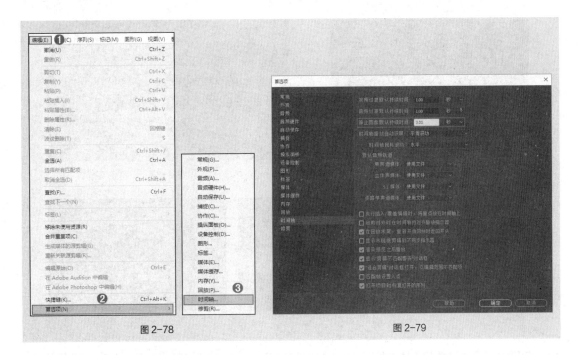

图 2-78　　　　　　　　　　　　　　　　图 2-79

STEP 4 要制作的案例最终效果是由两层图片构成的，那么需要将图片复制一份。选中【时间轴】面板 V1 轨道上的全部图片，同时按住 Alt 键将选中的图片向上拖曳至 V2 轨道，如图 2-80 所示。

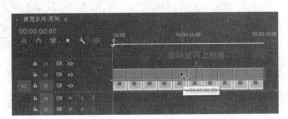

图 2-80

这样就可以将图片复制出来，此时【监视器】面板中的效果如图 2-81 所示。因为 V1 轨道上的图片大小和 V2 轨道上图片的大小是一样的，所以【监视器】面板只会显示一张图片。

单击 V2 轨道上的第一张图片将它激活，在【效果控件】面板中修改【缩放】为 70，如图 2-82 所示，此时【监视器】面板中的效果如图 2-83 所示。

在【效果】面板中搜索【高斯模糊】，找到【模糊与锐化】下面的【高斯模糊】效果，将它拖曳至 V1 轨道

图 2-81

的第一张图片上，如图 2-84 所示。接着在【效果控件】面板中将【模糊度】修改为 50.0，并勾选【重复边缘像素】复选框，如图 2-85 所示。

这样背景就被模糊掉了，此时，【监视器】面板中的效果如图 2-86 所示。

经过上述步骤，背景已经制作完成，接下来要制作白色的相框。

图 2-82

图 2-83

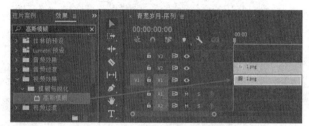

图 2-84

图 2-85

在【效果】面板中搜索【径向阴影】，找到【过时】下面的【径向阴影】并将其拖曳至 V2 轨道的第一张图片上，如图 2-87 所示。

图 2-86

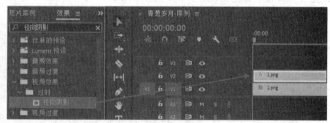

图 2-87

在【效果控件】面板中勾选【调整图层大小】复选框，并将【投影距离】修改为 5.0，将【光源】修改为 989.0、573.0，【不透明度】设置为 100.0%，如图 2-88 所示。

此时【监视器】面板中的画面效果如图 2-89 所示。可以看到，图片周围已经有了黑色的边框。

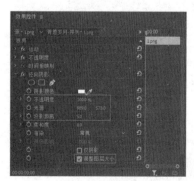

图 2-88

图 2-89

再次回到【效果控件】面板，单击【径向阴影】效果【阴影颜色】吸管前面的色块，弹出【拾色器】对话框。在该对话框中可以随意更改颜色，将颜色改成白色后，单击【确定】按钮，如图 2-90 所示。

此时，【监视器】面板中的画面效果如图 2-91 所示。

图 2-90

图 2-91

STEP 5 制作立体投影效果。在【效果】面板中搜索【投影】，找到【透视】下面的【投影】效果，并将其拖曳至 V2 轨道的第一张图片上，如图 2-92 所示。

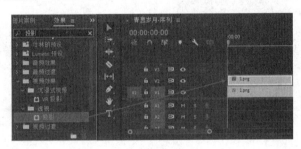

图 2-92

在【效果控件】面板中将【不透明度】改为 100%，将【方向】改为 135.0°，将【距离】改为 20.0，将【柔和度】改为 80.0，如图 2-93 所示。

此时【监视器】面板中的画面效果如图 2-94 所示。可以看到，在图片的右下角已经有了一层淡淡的阴影，这样图片就会显得更加立体。

图 2-93

图 2-94

STEP 6 批量复制效果。经过上述几步之后，图片的背景、边框和阴影已制作完成，但是目前只是第一张图片具有了这些效果，后面其他的图片并不具有这些效果，如图 2-95 所示。

图 2-95

若要给后面的若干图片也添加模糊、边框和阴影效果，操作则较为复杂。下面介绍将图片进行批量处理的方法。

单击 V1 轨道的第一张图片将其激活，在【效果控件】面板中可以看到其添加了【高斯模糊】效果，如图 2-96 所示。

此时只需要在【效果控件】面板中单击【高斯模糊】，然后按组合键 Ctrl+C 进行复制，接着在【时间轴】面板中选中未添加该效果的所有图片，按组合键 Ctrl+V 进行粘贴，就可以一次性地将【高斯模糊】效果应用给刚才选中的图片，如图 2-97 所示。

图 2-96

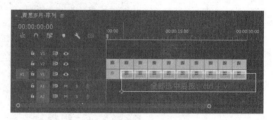

图 2-97

同理，单击 V2 轨道的第一张图片将其激活，在按住 Ctrl 键的同时，单击【效果控件】面板中的【运动】、【径向阴影】、【投影】，然后按组合键 Ctrl+C 进行复制，如图 2-98 所示。

在【时间轴】面板中选中 V2 轨道上未添加上述效果的所有图片后，按组合键 Ctrl+V 进行粘贴，一次性将刚才选中的 3 个效果应用给选中的图片，如图 2-99 所示。

图 2-98

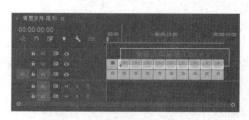

图 2-99

此时，【监视器】面板中的画面效果如图 2-100 所示。

图 2-100

STEP 7 制作动画。将时间指示器移至第一帧的位置，单击【时间轴】面板中 V1 轨道上的第一张图片，在【效果控件】面板中单击【缩放】和【旋转】前面的按钮 ，并将【缩放】设置为 60.0，将【旋转】设置为 6.0°，如图 2-101 所示。

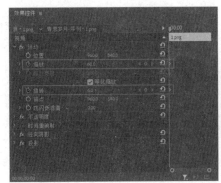

图 2-101

将时间指示器移到第一张图片的最后一帧，并将【缩放】改为 70.0，将【旋转】改为 0.0°，如图 2-102 所示。

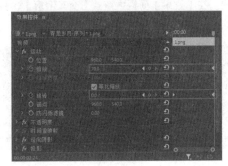

图 2-102

此时播放，画面中的图片就会有一个慢慢旋转放大的动画，如图 2-103 所示。

图 2-103

要给后面的每一张图片都添加这样的动画，我们只需要单击刚才已经有动画效果的图片，选中它的【运动】效果按组合键 Ctrl+C 复制，然后全选后面没有动画的图片按快组合键 Ctrl+V 进行粘贴即可，这样后面的图片就也有该动画了。

为了让动画有差别，我们可以把每张图片的【旋转】值修改一下。例如，单击第二张图片，在【效果控件】面板中将【旋转】改为-6.0°，如图 2-104 所示。

此时，【监视器】面板中的画面效果如图 2-105 所示。可以看到，图片是往左边倾斜的，这样让后面每张图片的角度都发生变化，动画效果就会更加丰富。

图 2-104

图 2-105

STEP 8 添加过渡效果。在【效果】面板中搜索【交叉溶解】，找到【视频过渡】下的【交叉溶解】效果，将其拖曳到两张图片的交界处，如图 2-106 所示。

图 2-106

此时播放，两张图片之间会产生过渡效果，不会显得那么生硬，如图 2-107 所示。

图 2-107

如何将所选的过渡设置为默认过渡？

如果要给后面的每两张图片之间都添加【交叉溶解】，该怎么做呢？在【效果】面板中右击【交叉溶解】，在弹出的快捷菜单中选择【将所选过渡设置为默认过渡】命令，即可将【交叉溶解】设置为默认过渡，如图 2-108 所示。

设置好默认过渡后，只需要选中【时间轴】面板中的所有图片并按组合键 Ctrl+D，即可为全部图片添加【交叉溶解】过渡效果，如图 2-109 所示。

图 2-108

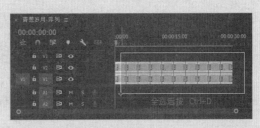

图 2-109

STEP 9 添加过渡和光晕效果。已经在每两张图片之间添加了【交叉溶解】效果，为了让过渡更加自然，还可以添加一些光晕素材。

在【项目】面板中找到【2、光晕素材】，将"光晕（2）"拖曳到【时间轴】面板的 V3 轨道上，并置于两张图片中间，如图 2-110 所示，此时【监视器】面板中的画面效果如图 2-111 所示。

图 2-110

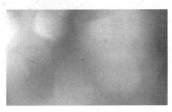

图 2-111

此时光晕素材完全遮挡了整个画面，单击【时间轴】面板中的光晕素材，在【效果控件】面板中将【不透明度】的【混合模式】改为【滤色】，如图 2-112 所示。【监视器】面板中的画面效果如图 2-113 所示。

图 2-112   图 2-113

选择不同的光晕素材放在后面其他图片的中间，并将其【混合模式】改为【滤色】即可，如图 2-114 所示。

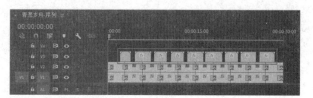

图 2-114

STEP 10 添加背景音乐。将本案例的背景音乐拖曳至 A1 轨道，如图 2-115 所示。

图 2-115

如果背景音乐的长度超出了视频轨道上素材的长度，此时可以在【工具】面板中选择【剃刀工具】，在最后一张图片的末尾将背景音乐素材裁开，并把后面多余部分删掉，如图 2-116 和图 2-117 所示。

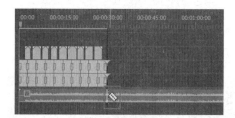

图 2-116   图 2-117

这样音乐的长度和视频的长度就匹配了，但是，播放音乐会发现音乐的末尾结束得太突然。在【效果】面板中搜索【指数淡化】，将【音频过渡】下面的【指数淡化】拖曳至音乐的结尾处，如图 2-118 所示。

STEP 11 输出视频。将时间指示器移至最后一帧的位置，单击【标记出点】按钮 ，给该序列标记一个出点，如图 2-119 所示。

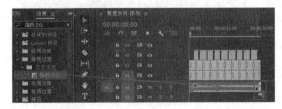
图 2-118

图 2-119

按组合键 Ctrl+M，弹出【导出设置】对话框，【格式】选择为【H.264】，【预设】选择【匹配源-高比特率】，如图 2-120 所示。单击【输出名称】后面的文字，在弹出的对话框中选择存储位置，并更改名称为"青葱岁月-短片"，单击【保存】按钮，如图 2-121 所示。

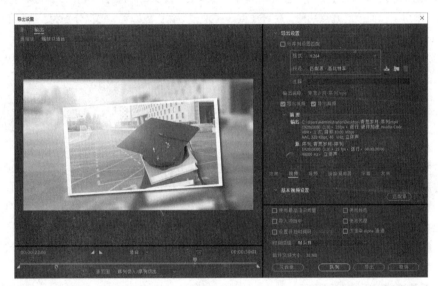
图 2-120

以上参数都设置好后，单击【导出】按钮，如图 2-122 所示，弹出显示渲染输出的进度条，如图 2-123 所示。导出完毕，即可在刚才选择的存储位置看到最终的成片，如图 2-124 所示。

图 2-121

图 2-122

青葱岁月-短片.mp4

图 2-123   图 2-124

2.8 本章小结

本章介绍了什么是【项目】文件、多种新建序列的方法，以及如何保存序列预设。另外，本章还介绍了 Premiere 常用工作面板的重点功能，读者重点掌握六大工作面板即可，它们分别为【项目】面板、【工具栏】面板、【时间轴】面板、【效果】面板、【效果控件】面板、【监视器】面板。最后，为了读者能熟练地运用这些技巧，本章制作了一个小短片《青葱岁月》。通过这个短片案例，我们把从新建序列、素材的导入、效果的添加、参数的设置到成片输出的完整剪辑流程过了一遍。

2.9 拓展知识

在给视频或者图片添加过渡效果时，除了可以直接在【效果】面板中搜索添加，还可以将所选过渡设置为默认过渡，通过快捷键的方式去添加，那音频过渡可不可以也如此操作呢？

其实也是可以的，在【效果】面板中展开【音频过渡】，随便选择一个过渡效果，单击鼠标右键，在弹出的快捷菜单中选择【将所选过渡设置为默认过渡】命令即可，如图 2-125 所示。

设置好默认过渡后，在【时间轴】面板中随便选择一个音频按组合键 Ctrl+Shift+D，即可给音频添加刚才设置的过渡效果，如图 2-126 所示。

图 2-125   图 2-126

2.10 课后练习：进阶版动画效果的制作

在制作《青葱岁月》这个短片的时候，通过改变【缩放】和【旋转】的值，让图片产生运动而不至于太单调，但是仅改变大小和旋转角度，图片的运动还是不够丰富。

　　如果在图片运动的时候出现倾斜，或者让图片从画框外进入，效果就会更好一点，因此，也可以改变【位置】等参数值，让图片的运动更加丰富。

课后练习：进阶版
动画效果的制作

　　请在原有动画的基础上，再改变【位置】和【倾斜】的值，让图片的运动更丰富一些，如图 2-127 所示。

图 2-127

【关键步骤提示】

　　（1）让图片从画框外进入。给图片的【位置】属性添加关键帧，第一帧移动图片到画框外，最后一帧将图片放置在画框正中间即可。

　　（2）让图片产生倾斜。在【效果】面板中搜索【基本 3D】，并将其添加给素材，然后制作【倾斜】的关键帧动画即可。

　　（3）注意图片运动的流畅度。在调整【位置】、【缩放】、【旋转】、【倾斜】等值时，要不断地播放预览，各个参数之间要配合好，最终才能得到一个流畅的动画。

Chapter 3

第 3 章　短视频之关键帧动画

在后期剪辑，尤其是在做一些视频特效的时候，经常会听到"关键帧"一词语。一些图片或视频的旋转、缩放等动画，以及软件【视频效果】下面自带的特效，都可以使用关键帧来制作。为这些素材不同时刻的参数设置不同的值，使素材产生位置、大小等变换效果，可以让原本静态的元素动起来。图 3-1 所示为利用关键帧制作樱桃由小变大的动画。

图 3-1

3.1　认识关键帧

3.1.1　关键帧的概念

要了解关键帧，首先要明白"帧"的概念，这个知识点在第 1 章已经详细讲过了，此处再来回顾一下。

通过之前的学习我们知道，视频是由一张张连续的图片组成的，每张图片就是一帧，PAL 制式每秒播放 25 张图片，也就是 25 帧。"关键帧"就是指关键时刻上的画面，要形成动画，至少要有两个关键时刻，且在这两个时刻上它们的参数设置还要不一样；如果参数设置一样，那么画面依然是静态的。

认识关键帧

3.1.2　创建关键帧的多种方法

1. 单击【切换动画】按钮创建关键帧

在【效果控件】面板中，每个参数前都有一个【切换动画】按钮，单击该按钮即可开启关键帧，单击后该

按钮会变成蓝色 。因此，可以通过按钮颜色来区分是否开启了某段素材的关键帧，下面以具体的操作来做演示。

STEP 1 打开 Premiere 软件，新建项目和序列后，将练习素材导入【项目】面板中，并将其拖入【时间轴】面板，如图 3-2 所示，此时【监视器】面板中的画面效果如图 3-3 所示。

图 3-2   图 3-3

STEP 2 单击【时间轴】面板中 V2 轨道上的素材将其激活，将时间指示器移至第一帧的位置，以【缩放】参数为例，单击【缩放】参数前面的【切换动画】按钮，并将其参数值改为 0，创建第一个关键帧，如图 3-4 所示。

STEP 3 要生成关键帧动画，至少要有两个参数设置不同的关键帧，且两个关键帧之间要有一定的时间间隔。那么接下来继续拖曳时间指示器往后一段时间，更改【缩放】参数值，此时 Premiere 会自动生成第二个关键帧，如图 3-5 所示。

 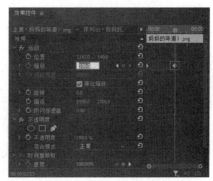

图 3-4   图 3-5

STEP 4 此时播放，就可以看到刚才制作的动画效果，画面中的文字呈现"从无到有""由小到大"的动画效果，如图 3-6 所示。

图 3-6

2. 使用【添加/移除关键帧】按钮创建关键帧

还是以上述效果为例，在【效果控件】面板中添加
完两个关键帧后，此时【缩放】参数后面会显示【添加/
移除关键帧】按钮 。此时只需要将时间指示器移动到
其他位置，单击【添加/移除关键帧】按钮，就可以手动
创建下一个关键帧，如图 3-7 所示。此时该关键帧的参
数设置与上一个关键帧一致，如需更改设置，直接改动
对应的参数值即可。

图 3-7

3.1.3 移动、复制、删除关键帧

1. 移动关键帧

调整关键帧所在的位置，可以控制动画的快慢节奏。两个关键帧隔得越近，动画的播放速度就越快，
反之则越慢。

假设在【效果控件】面板中已经创建好了关键帧，将鼠标指针置于需要移动的关键帧上，按住鼠标左
键拖曳鼠标即可对关键帧进行左右移动，如图 3-8 所示。移动到合适的位置松开鼠标，就可以完成对关键
帧位置的调整，如图 3-9 所示。

图 3-8

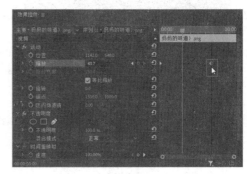

图 3-9

如果想要移动多个关键帧，可按住鼠标左键并拖曳鼠标，框选需要移动的多个关键帧，如图 3-10 所
示。框选后就可以对关键帧进行左右移动，当移动到合适的位置松开鼠标即可完成多个关键帧位置的调整，
如图 3-11 所示。

图 3-10

图 3-11

2. 复制关键帧

在制作关键帧动画的时候，往往需要创建多个关键帧，而有些关键帧的参数设置其实是一致的，那么可以直接通过复制创建关键帧；或者可以将已经制作好的关键帧动画复制给另一组不同的素材，这样能够提高剪辑效率。

方法一：通过快捷菜单复制。

找到需要复制的关键帧，单击鼠标右键，在弹出的快捷菜单中选择【复制】命令，如图 3-12 所示。

复制完成后，将时间指示器移动到合适的位置，单击鼠标右键，在快捷菜单中选择【粘贴】命令，此时复制的关键帧就会出现在当前时间线上，如图 3-13 所示。

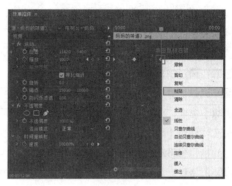

图 3-12　　　　　　　　　　　　　　　图 3-13

方法二：使用 Alt 键复制。

选择需要复制的关键帧，在按住 Alt 键的同时按住鼠标左键，左右拖曳到合适位置后，松开鼠标即可完成对关键帧的复制，如图 3-14 所示。

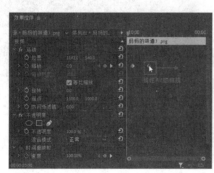
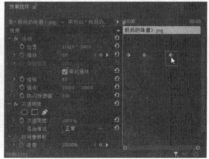

图 3-14

方法三：使用组合键复制。

选择需要复制的关键帧，然后按组合键 Ctrl+C 进行复制，接着将时间指示器移动到合适的位置，按组合键 Ctrl+V 进行粘贴，此时关键帧就会被复制到时间指示器所在的位置，如图 3-15 所示。

3. 删除关键帧

在制作动画的过程中，有的时候由于误操作或者为素材添加了多余的关键帧，需要将多余的关键帧删除。删除关键帧的 3 种方法如下。

图 3-15

方法一：使用快捷键删除。

选择需要删除的关键帧，按快捷键 Delete，即可删除选中的关键帧，如图 3-16 所示。

方法二：通过快捷菜单删除。

在需要删除的关键帧上单击鼠标右键，在弹出的快捷菜单中选择【清除】命令，即可删除对应关键帧，如图 3-17 所示。

方法三：使用【添加/移除关键帧】按钮删除。

将时间指示器移动到需要删除的关键帧上，然后单击【添加/移除关键帧】按钮，即可删除对应关键帧，如图 3-18 所示。

图 3-16

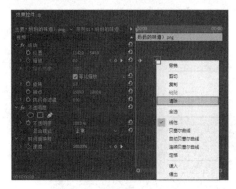

图 3-17　　　　　　　　　　　　　　　图 3-18

3.2 关键帧插值

关键帧插值就是两个关键帧动画之间的过渡效果。设置关键帧插值可以控制关键帧之间动画对象的运动速度及运动状态，若想更改插值类型，可以右击关键帧，在弹出的快捷菜单中进行更改。

缓入、缓出效果可以让动画的开始和结束部分变得更加平滑。假设已经制作好了一个飞机从画面外进入画面的动画，如图 3-19 所示。

此时单击【位置】前面的小三角按钮 ，就可以看到该动画的速率曲线为折线，如图 3-20 所示。也就是说该动画是匀速的，并没有速度上的变化。

关键帧插值

如果要为其添加缓入、缓出效果，只需要框选已经创建的两个关键帧，如图 3-21 所示。然后单击鼠标右键，在弹出的快捷菜单中选择【临时插值>缓入/缓出】命令，如图 3-22 所示。

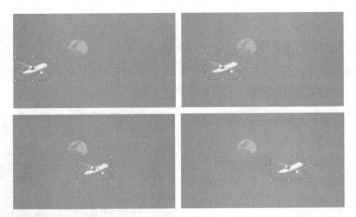

图 3-19

图 3-20

图 3-21

图 3-22

此时可以看到该动画的速率曲线就由之前的折线变成了曲线，如图 3-23 所示。

图 3-23

3.3 调整关键帧速率曲线

3.3.1 先快后慢的运动效果

为动画添加缓入、缓出效果可以让动画的开始和结束变得更加平滑。如果要制作先快后慢的运动效果，我们只需要在缓入、缓出效果的基础上，调整控制关键帧的手柄即可。单击关键帧就可以看到关键帧的手柄，如图 3-24 所示。

将鼠标指针置于第二个关键帧的控制手柄处，按住鼠标左键往左拖曳，如图 3-25 所示。此时可以看到速率曲线有了坡度的变化，坡度越陡说明运动速度越快，反之则越慢，与图中"先陡后缓"的速率曲线对应的运动效果就是"先快后慢"，如图 3-26 所示。

图 3-24

图 3-25

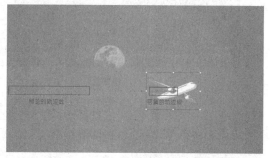

图 3-26

3.3.2 先慢后快的运动效果

如果要制作先慢后快的运动效果，我们只需要在缓入、缓出效果的基础上，将鼠标指针置于第一个关键帧的控制手柄处，然后按住鼠标左键往右拖曳，如图 3-27 所示。此时可以看到速率曲线有了坡度的变化，与图中"先缓后陡"的速率曲线对应的运动效果就是"先慢后快"，如图 3-28 所示。

图 3-27

图 3-28

3.3.3 由慢到快再到慢的运动效果

如果要制作由慢到快再到慢的运动效果，同样我们只需要在缓入、缓出效果的基础上，将鼠标指针置于两个关键帧的控制手柄处，分别往右和往左拖曳，让速率曲线形成两边缓，中间陡的形状，如图 3-29 所示。与图中"先缓后陡再缓"的速率曲线对应的就是"由慢到快再到慢"的运动效果，如图 3-30 所示。

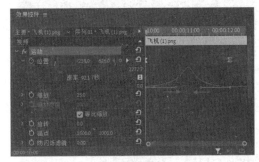

图 3-29

图 3-30

课堂案例：固定镜头变运动镜头

接下来通过一个实际的案例来讲解关键帧动画的简单应用，介绍如何将固定的镜头变成推、拉、摇、移等运动镜头。

STEP 1 将练习素材导入【项目】面板，并将其拖曳到【时间轴】面板上，如图 3-31 所示，此时【监视器】面板中的画面效果如图 3-32 所示。

图 3-31

图 3-32

STEP 2 单击【时间轴】面板上的素材将其激活，将时间指示器移至第一帧的位置，在【效果控件】面板中单击【缩放】参数前面的【切换动画】按钮，创建一个关键帧，如图 3-33 所示。

STEP 3 将时间指示器移到最后一帧的位置，把【缩放】的参数值改为 130，如图 3-34 所示，此时 Premiere 会自动创建第 2 个关键帧。

STEP 4 此时按空格键播放动画，可以看到原来的固定镜头变成了一个缓慢的推镜头，如图 3-35 所示。

【举一反三】

上面这个案例，制作的是为固定的图片或视频添加推镜头的效果，读者也可以举一反三地想一想，如何制作一个拉镜头的效果，以及摇镜头的效果。

图 3-33 图 3-34

图 3-35

3.4 课堂练习：游戏地图中的行进路线动画

前文介绍了什么是关键帧，以及如何添加、移动、复制和删除关键帧，本节结合具体的案例来进一步讲解关键帧在实际案例中的应用。本案例的最终效果如图 3-36 所示。

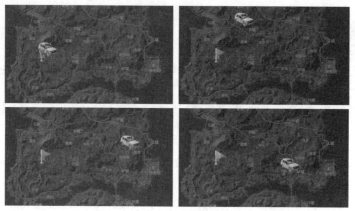

游戏地图行进
路线动画

图 3-36

STEP 1 在【项目】面板的空白处双击，弹出【导入】对话框，选中【02、素材文件】文件夹，如图 3-37 所示，单击【导入文件夹】按钮，将素材导入【项目】面板，如图 3-38 所示。

STEP 2 单击【项目】面板中的【新建项】按钮，在弹出的菜单中选择【序列】命令，如图 3-39 所示，弹出【新建序列】对话框，单击【设置】选项卡，将【编辑模式】改为【自定义】，对视频和音频的参数进行设置，如图 3-40 所示，最后单击【确定】按钮，即可新建序列。

图 3-37 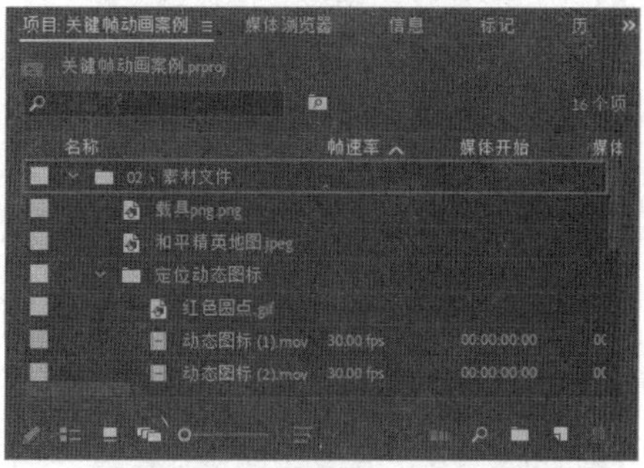　　　　　　　　　　　　　　　　图 3-38

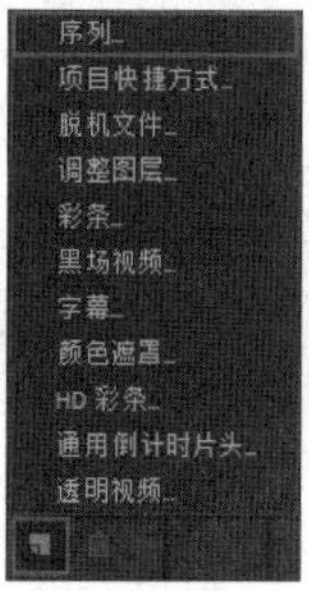

图 3-39 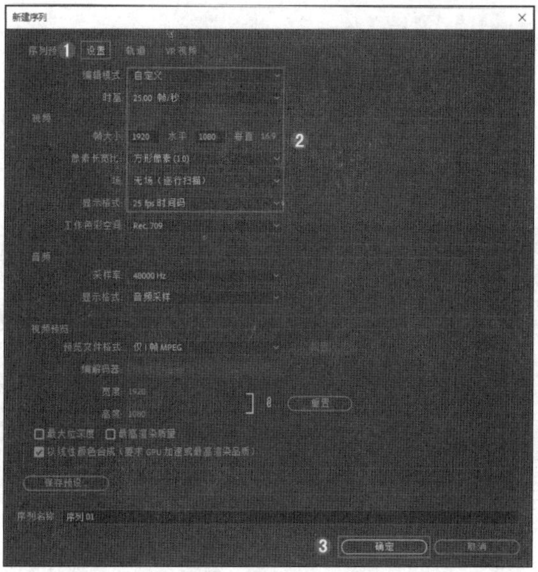　　　　　　　　　　　　　　　　图 3-40

STEP 03 展开【02.素材文件】文件夹，将地图素材拖曳至 V1 轨道上，如图 3-41 所示。此时【监视器】面板中的画面效果如图 3-42 所示。可以发现素材未铺满整个【监视器】面板显示区域，所以要在【效果控件】面板去调整它的参数。单击 V1 轨道上的素材将其激活，在【效果控件】面板里将【缩放】改为 390.0，将【不透明度】改为 50.0%，如图 3-43 所示。此时【监视器】面板中的画面效果如图 3-44 所示，素材刚好铺满整个屏幕。

图 3-41

图 3-42

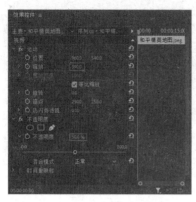

图 3-43　　　　　　　　　　　　　　　　　　图 3-44

STEP 4 展开【项目】面板中的【02、素材文件】文件夹，将载具素材拖曳至 V2 轨道上，如图 3-45 所示。在【效果控件】面板中调整【位置】为 494.0、486.0，调整【缩放】为 40.0，如图 3-46 所示。此时载具图片刚好落在地图上的"G 镇"处，如图 3-47 所示。

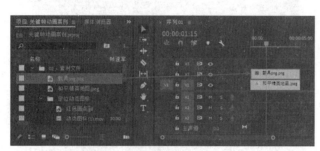

图 3-45　　　　　　　　　　　　　　　　　　图 3-46

STEP 5 载具的颜色跟地图的颜色相近，不容易区分出来，所以我们需要对载具进行简单的调色处理，选择【窗口>Lumetri 颜色】命令，如图 3-48 所示调出【Lumetri 颜色】面板，在【基本校正】里将【色温】改为 100.0，将【曝光】改为 3.0，将【对比度】改为 20.0，如图 3-49 所示。此时，【监视器】面板中的画面效果如图 3-50 所示。

图 3-47　　　　　　　　　　　　　　　　　　图 3-48

图 3-49

图 3-50

STEP 6 单击载具素材，在【效果控件】面板中单击【位置】参数前面的【切换动画】按钮，添加一个关键帧，如图 3-51 所示。将时间指示器往后移动 2 秒左右，将【位置】的参数值改为 1230.3、184.9，如图 3-52 所示。此时【监视器】面板中载具刚好位于"Y 城"的位置，单击【效果控件】面板中【运动】参数前的小三角按钮，可以看到其运动轨迹线，如图 3-53 所示。

图 3-51

图 3-52

STEP 7 从图 3-53 可以看出，运动轨迹线为一条直线段，那么如何让其变成曲线呢？拖曳轨迹线上的锚点，如图 3-54 所示，就可以使轨迹线弯曲，此时播放动画可以看到载具是沿着虚线行进的。

图 3-53

图 3-54

STEP 8 将时间指示器往后移动 2 秒，在【效果控件】面板中更改【位置】为 1263.3、618.5，如图 3-55 所示。载具图片刚好位于"农场"和"M 城"之间，如图 3-56 所示。

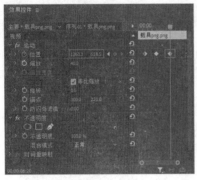

图 3-55

图 3-56

STEP 9 单击【效果控件】面板中【运动】参数前的小三角按钮，与之前一样可以看到运动轨迹线，拖曳轨迹线上的锚点，如图 3-57 所示，就可以使运动轨迹线弯曲，让载具沿着虚线行进。

STEP 10 展开【项目】面板中的【定位动态图标】文件夹，将"红色圆点"素材拖曳至 V3 轨道上，如图 3-58 所示。在【效果控件】面板中调整【位置】为 422.0、609.0，调整【缩放】为 50.0，如图 3-59所示。此时红色圆点刚好落在地图上的"G 镇"的下方，如图 3-60 所示。

图 3-57

图 3-58

STEP 11 选中红色圆点的素材，将时间指示器放在第一帧的位置，在【效果控件】面板中单击【缩放】前面的【切换动画】按钮，并将其参数值改为 0.0，拖动时间指示器往后 5 帧将【缩放】参数值改为 75.0，再往后 5 帧，将【缩放】参数值改为 50.0，为小红点的出现添加一个由小到大的动画，如图 3-61 所示。

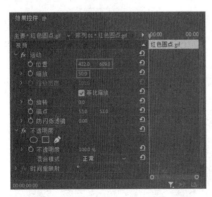
图 3-59

图 3-60

图 3-61

STEP 12 展开【项目】面板中的【定位动态图标】文件夹，将"动态图标（1）"素材拖曳至V4 轨道上，如图 3-62 所示。在【效果控件】面板中调整【位置】为 483.0、549.0，调整【缩放】属性的参数为 50.0，如图 3-63 所示。

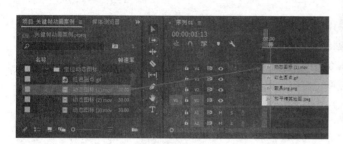

图 3-62

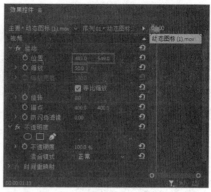

图 3-63

此时动态图标素材刚好落在地图上的红色圆点上，如图 3-64 所示。

STEP 13 按照上述方法，将红色圆点素材和动态图标素材复制到载具行进的终点位置，也就是"农场"的正下方，如图 3-65 所示。此时播放动画就可以看到载具的行进路线，以及起点和终点的动态图标了，如图 3-66 所示。

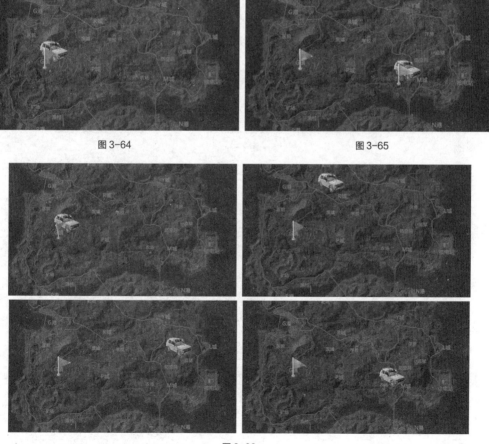

图 3-64　　　　　　　　　　　　　　　　　图 3-65

图 3-66

3.5 本章小结

本章的重点知识就是如何利用关键帧制作动画。本章介绍了什么是关键帧，以及关键帧的基本操作，例如创建、移动、复制、删除关键帧等，读者学会这些基本操作就可以制作动画了。另外，为了让动画的运动节奏有变化，本章还介绍了调整关键帧的速率曲线、自定义动画的速度等的方法。

学完这一章，相信读者对关键帧以及动画已经有了深刻的理解，接下来就需要读者在实操中去运用它，制作出不同的动画效果。

3.6 拓展知识

在进行动画制作和设计的时候，除了要熟练地掌握软件自带的关键帧动画，还可以利用一些其他的素材，利用这些外部素材可以完善、美化我们制作的动画。另外，在选择素材的时候，要遵循素材和最终效果、调性相匹配的原则，否则就会适得其反。图 3-67 所示为一个闹钟；图 3-68 所示的素材和闹钟的指针搭配起来并不和谐，并且也没有突出闹钟的指针；图 3-69 所示的素材和闹钟的指针搭配起来就和谐了。

图 3-67

图 3-68

图 3-69

3.7 课后练习：制作"沿指定路径行进"的动画

在 3.5 节的案例中，给载具的【位置】添加关键帧，就可以让载具移动起来。除了给【位置】添加关键帧，还可以给【缩放】、【旋转】等都添加关键帧，让载具一边移动一边缩放，这样的变换效果就会更丰富一些。

请利用关键帧的知识，做出"沿指定路径行进"的动画，如图 3-70 所示，让小汽车沿着蜿蜒的公路行进。

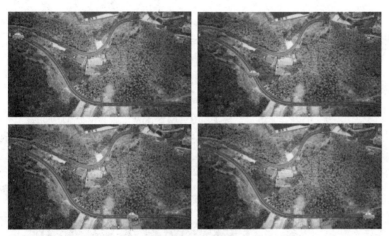

图 3-70

课后练习-制作
"沿指定路径行进"
的动画

⊕【关键步骤提示】

（1）调整素材位置。要制作小汽车沿着公路行进的动画，首先要调整小汽车的大小和位置，让它位于公路的起点处。

（2）给小汽车的【位置】参数打上关键帧，并且沿着公路制作动画。

（3）调整小汽车的运动路径。此练习中的公路是蜿蜒曲折的，并不是一条直线。这就需要调整关键帧动画的路径，让它贴合公路的弯曲形状，才能实现小汽车沿指定路径移动的效果。

Chapter 4

第 4 章　短视频之遮罩蒙版

4.1　认识蒙版

4.1.1　蒙版的作用

在 Premiere 里蒙版不仅可以用于抠图，而且可以用于制作出很多酷炫的效果。我们可以把蒙版理解为一种特殊的选区。通过绘制蒙版，我们可以指定画面中哪一部分内容显示，哪一部分内容不显示。再通俗一点解释，我们可以把蒙版当成一个高级的裁剪功能。

绘制圆形蒙版指定画面中的部分区域显示，圆形蒙版外的区域则不显示的效果如图 4-1 所示。

认识遮罩蒙版

图 4-1

4.1.2　绘制椭圆形蒙版

将练习素材导入【项目】面板中，选择圆形 1 图片素材，将其拖曳到【时间轴】面板的 V1 轨道上，如图 4-2 所示。

单击 V1 轨道上的圆形 1 图片素材将其激活，在【效果控件】面板中可以看到【不透明度】效果下有 3 个图标：【创建椭圆形蒙版】⬤、【创建 4 点多边形蒙版】◼ 和【自由绘制贝塞尔曲线】✐，如图 4-3 所示。

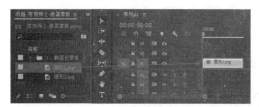

图 4-2

图 4-3

单击【创建椭圆形蒙版】图标，就可以在【不透明度】下创建一个椭圆形蒙版，如图 4-4 所示，此时【监视器】面板中的画面效果如图 4-5 所示，可以看到只有蒙版范围内的图像显示了出来。

图 4-4

图 4-5

当把鼠标指针放在蒙版内时，可以看到鼠标指针变成了抓手形状🖐，此时按住鼠标左键拖曳鼠标可以移动蒙版，如图 4-6 所示。

图 4-6

 小提示

如何显示蒙版外的图像呢？

在【效果控件】面板中找到刚才创建的蒙版，勾选【已反转】复选框，如图 4-7 所示。此时，【监视器】面板中的画面效果如图 4-8 所示，蒙版之外的图像就显示出来了。

图 4-7

图 4-8

4.1.3　绘制圆形蒙版

通过【创建椭圆形蒙版】工具可以绘制椭圆形蒙版，那么该如何绘制圆形蒙版呢？

将【项目】面板中的"圆形 2"素材拖曳至【时间轴】面板的 V1 轨道上，如图 4-9 所示。此时【监视器】面板中的画面效果如图 4-10 所示。可以看到，这是一张从建筑物内部往外拍摄的图片，我们如果要把顶部的圆形抠除并替换为新的素材，就需要绘制一个圆形蒙版。

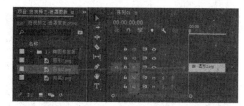

图 4-9

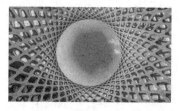

图 4-10

在【时间轴】面板中单击该图片素材将其激活，接着在【效果控件】面板中单击【创建椭圆形蒙版】图标，创建一个椭圆形蒙版，此时【监视器】面板中的画面效果如图 4-11 所示。

将鼠标指针置于蒙版的任意一个控制点上，鼠标指针会变成 ▶ 形状，此时按住鼠标左键拖曳鼠标，就可以将椭圆形变成圆形，如图 4-12 所示。

图 4-11

图 4-12

需要的效果是将天空抠除，显示蒙版外的画面，那么我们只需要在【效果控件】面板中勾选【已反转】复选框就好了，如图 4-13 所示。此时【监视器】面板中的画面效果如图 4-14 所示。

图 4-13

图 4-14

更改蒙版大小有以下两种方法。

方法一：将鼠标指针置于蒙版的任意控制点上，当鼠标指针变成 ▶ 图标时，按住鼠标左键拖曳鼠标即可放大蒙版，如图 4-15 所示。

方法二：在【效果控件】面板中调整蒙版的【蒙版扩展】参数值找到刚才绘制的圆形蒙版，将【蒙版扩展】参数值上调，如图 4-16 所示，此时【监视器】面板中的画面效果如图 4-17 所示。现在蒙版向原有蒙版外延伸出了一圈虚线，同时蒙版的范围也扩大了一圈。

图 4-15

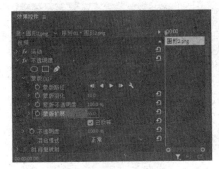

图 4-16

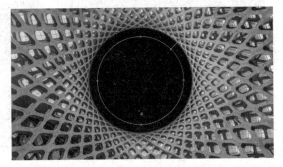

图 4-17

将【项目】面板中的"星轨 2"素材拖曳至【时间轴】面板的 V1 轨道上，将原来的圆形 2 素材上移至 V2 轨道，如图 4-18 所示。

此时，【监视器】面板中的画面效果如图 4-19 所示，原本的天空就被替换成了星空。

图 4-18

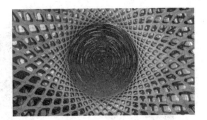

图 4-19

4.1.4　绘制矩形蒙版

将【项目】面板中的"矩形素材"素材拖曳至【时间轴】面板的 V1 轨道上，如图 4-20 所示。此时，【监视器】面板中的画面效果如图 4-21 所示。

图 4-20

图 4-21

如果要将画面中墙上的画替换掉，我们就需要先将其抠除，此时如果使用【创建椭圆形蒙版】工具就无法办到。

在【时间轴】面板中单击矩形素材将其激活，接着在【效果控件】面板的【不透明度】效果下，单击【创建 4 点多边形蒙版】图标，创建一个新的蒙版，如图 4-22 所示。此时，【监视器】面板中的画面效果如图 4-23 所示。

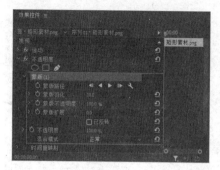

图 4-22 　　　　　　　　　　　　　　　　　图 4-23

　　将鼠标指针置于矩形蒙版内，待其变成抓手形状后，按住鼠标左键拖曳鼠标可以移动蒙版的位置，如图 4-24 所示。

　　将鼠标指针放在蒙版的任意控制点上，当鼠标指针变成 形状时，按住鼠标左键拖曳鼠标，可以改变蒙版的形状，如图 4-25 所示。

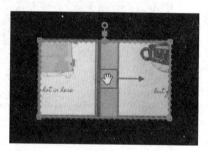

图 4-24 　　　　　　　　　　　　　　　　　图 4-25

　　通过这样的方法就可以调整蒙版的形状，让蒙版变成矩形且刚好能够将画框中的内容抠除，如图 4-26 所示。接着，在【效果控件】面板中勾选【已反转】复选框，如图 4-27 所示。此时，【监视器】面板中的画面效果如图 4-28 所示。

图 4-26 　　　　　　　　　　　　　　　　　图 4-27

　　最后，将【项目】面板中的"星轨 1"素材拖曳至【时间轴】面板的 V1 轨道上，并将矩形素材上移至 V2 轨道，如图 4-29 所示。

图 4-28　　　　　　　　　　　　　　　　　　　图 4-29

这样，通过【创建 4 点多边形蒙版】工具，就可以将原来的矩形图片替换成不同的素材，如图 4-30 所示。

图 4-30

4.1.5　自由绘制蒙版形状

前文已经介绍了如何绘制椭圆形、圆形和矩形蒙版，但是在实际的剪辑中，需要的蒙版形状不会这么简单。如果遇到复杂的图形，我们就需要自定义蒙版形状。

1. 绘制简单的多边形蒙版

将【项目】面板中的"三角形"素材拖曳至【时间轴】面板的 V1 轨道上，如图 4-31 所示。此时，【监视器】面板中的画面效果如图 4-32 所示。

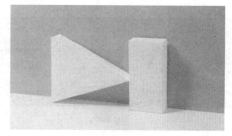

图 4-31　　　　　　　　　　　　　　　图 4-32

如果要抠除图 4-32 中这种简单的图形，可以使用【自由绘制贝塞尔曲线】工具。

单击【时间轴】面板中的三角形素材将其激活，在【效果控件】面板的【不透明度】效果下单击【自由绘制贝塞尔曲线】图标。将鼠标指针移动至【监视器】面板中，找到三角形的其中一个顶点，单击就可以添加第一个控制点，如图 4-33 所示。

将鼠标指针移动至三角形的另外两个顶点上，并分别单击，就可以得到一个自定义的三角形蒙版，如图 4-34 所示。

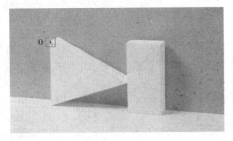

图 4-33

图 4-34

在【效果控件】面板中勾选【已反转】复选框，如图 4-35 所示。此时，【监视器】面板中的画面效果如图 4-36 所示。

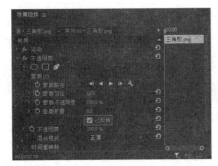

图 4-35

图 4-36

2. 自由绘制不规则蒙版形状

将【项目】面板中的"不规则形状"素材拖曳至【时间轴】面板的 V1 轨道上，如图 4-37 所示。此时，【监视器】面板中的画面效果如图 4-38 所示。

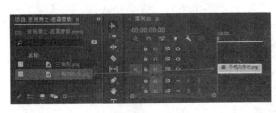

图 4-37

图 4-38

这里的目的是把画面中右边的气球抠除。单击【时间轴】面板中的"不规则形状"素材，将其激活。在【效果控件】面板的【不透明度】效果下单击【自由绘制贝塞尔曲线】图标。将鼠标指针移动至【监视器】面板中，在气球边缘的不同位置单击 3 下，添加 3 个控制点，如图 4-39 所示。

这 3 个控制点之间的蒙版线段是直线段，并不能贴合气球的边缘。将鼠标指针放在任意一个控制点上，按住 Alt 键，此时鼠标指针会变成∧形状，按住鼠标左键拖曳控制点，就可以将折线变成曲线，如图 4-40 所示。

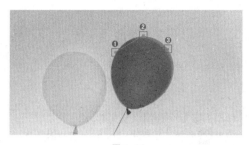

图 4-39

图 4-40

如何调整控制点单侧的曲线？

通过上述方法拖曳控制点的时候，受影响的是两侧的曲线，那该如何调整单侧的曲线呢？将鼠标指针放在一侧的控制柄上，按住 Alt 键的同时拖曳控制柄，就可以调整单侧的曲线，如图 4-41 所示。

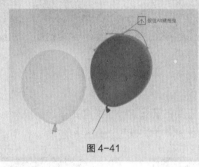

图 4-41

通过上述方法可以将气球完整的轮廓抠出来，如图 4-42 所示。

图 4-42

在【效果控件】面板中，勾选【已反转】复选框，如图 4-43 所示。此时，【监视器】面板中的画面效果如图 4-44 所示。

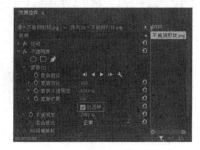

图 4-43

图 4-44

4.2 调整蒙版

4.2.1 添加蒙版的控制点

图 4-45 所示的蒙版一共有 4 个控制点，此时如果想添加第 5 个控制点该怎么办？

将鼠标指针放在蒙版路径的边缘，此时鼠标指针会变成 形状，如图 4-46 所示。此时单击，就可以添加第 5 个控制点，如图 4-47 所示。

图 4-45　　　　　　　　　　　图 4-46　　　　　　　　　　　图 4-47

4.2.2 删除蒙版的控制点

如果要删除蒙版的控制点，只需要将鼠标指针放在需要删除的控制点上，按住 Ctrl 键，此时鼠标指针会变成 形状，如图 4-48 所示。此时单击，就可以删除相应的控制点，如图 4-49 所示。

图 4-48　　　　　　　　　　　图 4-49

4.2.3 调整蒙版羽化

观察画面中的蒙版可以看到，在最外面有一圈虚线，圆形的边缘不锐利，如图 4-50 所示。

在【效果控件】面板中，增大【蒙版羽化】参数值，将其改为 100.0，如图 4-51 所示，蒙版边缘的过渡就会比较柔和，如图 4-52 所示。

如果不需要蒙版羽化，那么只需要将【蒙版羽化】参数值改为 0.0 即可，如图 4-53 所示。此时，【监视器】面板中的画面效果如图 4-54 所示。

图 4-50

图 4-51

图 4-52

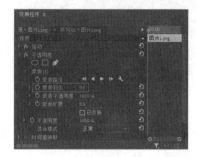

图 4-53

图 4-54

4.2.4 调整蒙版扩展

蒙版扩展可以用来控制蒙版大小。在【效果控件】面板中，将【蒙版扩展】参数值改为 200.0，如图 4-55 所示，【监视器】面板中的画面效果如图 4-56 所示。可以看到，蒙版的范围扩大了。

图 4-55

图 4-56

将【蒙版扩展】参数值改为负值，如-100.0，如图 4-57 所示，【监视器】面板中的画面效果如图 4-58 所示。可以看到，蒙版的范围缩小了。

图 4-57

图 4-58

课堂案例 4-1: 人脸马赛克追踪效果

在介绍蒙版的基础知识后，现在通过案例来巩固练习。该案例将通过蒙版制作人脸马赛克追踪的效果。

人脸马赛克追踪效果

STEP 1 将案例素材导入【项目】面板，并将其拖曳到【时间轴】面板的 V 1 轨道上，如图 4-59 所示。此时，【监视器】面板中的画面效果如图 4-60 所示。

图 4-59

图 4-60

STEP 2 在【效果】面板中搜索【马赛克】，找到【视频效果】下的【马赛克】效果，将其拖曳到案例素材上，如图 4-61 所示，【监视器】面板中的画面效果如图 4-62 所示。

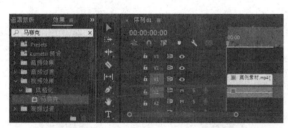

图 4-61

图 4-62

STEP 3 在【效果控件】面板中，将【马赛克】效果下的【水平块】和【垂直块】参数值改为 50，如图 4-63 所示，【监视器】面板中的画面效果如图 4-64 所示。

图 4-63

图 4-64

STEP 4 可以看到，画面中马赛克的色块已经变得比较细了，但是色块覆盖了整个画面，而我们只需要把人脸遮住就可以了。这时就需要给【马赛克】效果绘制蒙版，让该效果只在蒙版内起作用。

单击【马赛克】效果下的【创建椭圆形蒙版】图标，创建一个新的蒙版，如图 4-65 所示。调整蒙版的大小和位置，让它刚好遮住人的脸部，如图 4-66 所示。

图 4-65 图 4-66

 这样马赛克就只会在人的脸部显示，但随着视频的播放，人脸是在不断移动的，要如何
让蒙版也跟着人脸进行移动呢？这就需要给【蒙版路径】制作关
键帧动画。

在【效果控件】面板中，单击【蒙版路径】前面的【切换
动画】按钮，此时会生成一个关键帧，记录此时蒙版的位置，如
图 4-67 所示。

将时间指示器往后移动一段距离，再将蒙版的位置调整至人
脸位置，重复以上步骤，直至整个视频结束，让蒙版始终覆盖在
人脸上即可，如图 4-68 所示。

图 4-67

此时，【蒙版路径】后面生成了很多关键帧，如图 4-69 所
示。这些关键帧记录了不同时刻蒙版的位置，通过这些关键帧可以确保蒙版始终保持在人脸上。

图 4-68

图 4-69

4.3 轨道遮罩键效果

4.3.1 轨道遮罩键

除了能在【效果控件】面板中绘制蒙版外，通过【效果】面板中的【轨道遮罩键】效果也能实现类似
的功能，如图 4-70 所示。

图 4-70

4.3.2　轨道遮罩键与蒙版的区别

　　通过绘制蒙版可以指定画面内容只在蒙版区域内显示，如显示圆形、矩形等蒙版内的图像。那么，利用这个原理，我们就可以使用其他素材的形状作为蒙版，从而制作出很多不一样的效果，如图 4-71 所示。

图 4-71

课堂案例 4-2：笔刷转场效果

STEP 1 将本案例的素材导入【项目】面板，并将其按顺序拖曳到【时间轴】面板中，如图 4-72 所示。此时【监视器】面板中的画面效果如图 4-73 所示。

笔刷转场效果

图 4-72

图 4-73

STEP 2 如果要制作笔刷转场的效果，就需要用到笔刷相关的素材，如图 4-74 所示。将该段素材拖曳到【时间轴】面板的 V3 轨道上，如图 4-75 所示。

图 4-74

图 4-75

STEP 3 在【效果】面板中搜索【轨道遮罩键】，找到【视频效果】下的【轨道遮罩键】并将其拖曳到 V2 轨道的素材上，如图 4-76 所示。

单击 V2 轨道上的素材将其激活，在【效果控件】面板中将【遮罩】改为【视频 3】，将【合成方式】改为【亮度遮罩】，如图 4-77 所示。

图 4-76

图 4-77

此时播放动画，笔刷转场的效果就已经制作完成了，如图 4-78 所示。

图 4-78

图 4-78（续）

4.4 课堂练习：文字扫光效果

遮罩除了可以用来抠图和制作转场效果外，还可以用来做出其他好玩的特效。例如文字扫光效果，如图 4-79 所示。

文字扫光效果

图 4-79

STEP 1 在【工具】面板中选择【文字工具】，在【监视器】面板中输入文字"Premiere 剪辑教程"，并将颜色改为白色，如图 4-80 所示。【时间轴】面板上就会出现刚才新建的文字，如图 4-81 所示。

图 4-80

图 4-81

STEP 2 单击 V1 轨道上的文字图层，按住 Alt 键向上拖曳将其复制一层，如图 4-82 所示。

单击 V1 轨道上的文字图层，在【效果控件】面板的【文本】下，勾选【填充】复选框，单击复选框后面的色块，在弹出的【拾色器】对话框中将颜色改为灰色，如图 4-83 所示。

图 4-82

图 4-83

此时，单独观察 V1 轨道上的文字，可以发现文字的颜色已经变暗了，如图 4-84 所示。

STEP 3 将时间指示器放在第一帧的位置，单击【不透明度】效果下的【创建椭圆形蒙版】图标，创建一个新的蒙版，同时将【蒙版羽化】参数值改为 80.0，并给【蒙版路径】打上关键帧，如图 4-85 所示。此时，【监视器】面板中的画面效果如图 4-86 所示。

图 4-84

图 4-85

图 4-86

将时间指示器往后移动一段距离，再将蒙版移至文字的末尾处，如图 4-87 所示。此时，【效果控件】面板中的【蒙版路径】会自动生成第二个关键帧，如图 4-88 所示。

此时播放动画就会产生文字扫光的效果，如图 4-89 所示。

图 4-87

图 4-88

图 4-89

4.5 本章小结

本章节重点介绍了 Premiere 软件的图层蒙版功能以及如何绘制、调整各种形状的蒙版。例如，椭圆形、圆形、矩形和自定义形状的蒙版，通过蒙版可以进行抠图。

熟练掌握蒙版的原理后，蒙版的作用就不局限于抠图了，还可以通过蒙版制作出笔刷转场和文字扫光等效果。

4.6 拓展知识

在绘制蒙版的时候，如何给同一段素材绘制多个蒙版呢？通过绘制一个三角形蒙版，可以将画面中的三角形抠除。如果要将右边的矩形也抠除，一般最先想到的方法就是再创建一个矩形蒙版，如图 4-90 和图 4-91 所示。

图 4-90

此时，【监视器】中的画面效果如图 4-92 所示。虽然画面中出现了一个新的蒙版，但没有起到抠除矩形的效果。同时，刚才的第一个已经抠除了的三角形反而受到了影响。故这种方法是不可行的，那么正确的做法应该是什么呢？

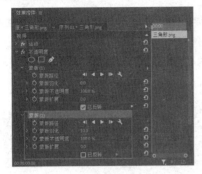

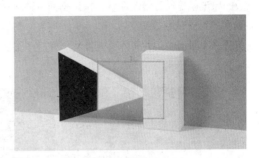

图 4-91　　　　　　　　　　　　　　　　　　　　图 4-92

选中素材后，单击鼠标右键，在弹出的快捷菜单中选择【嵌套】命令，如图 4-93 所示。在弹出的对话框中将【名称】改为"嵌套-绘制多个蒙版"，如图 4-94 所示。将素材嵌套为一个整体，方便稍后绘制第二个蒙版，如图 4-95 所示。

图 4-93　　　　　　　　　　图 4-94　　　　　　　　　　　图 4-95

在嵌套之后就可以在【效果控件】面板中单击【创建 4 点多边形蒙版】图标，新建一个矩形蒙版，将【蒙版羽化】参数值改为 0.0，勾选【已反转】复选框，如图 4-96 所示。

在【监视器】面板中调整矩形蒙版的大小、位置，如图 4-97 所示。这样就可以将画面右边的矩形抠除，同时不影响第一个三角形蒙版的抠图效果。

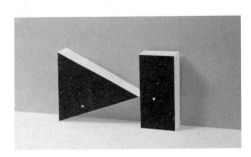

图 4-96　　　　　　　　　　　　　　　　　　　　图 4-97

4.7 课后练习：Vlog 中常见的无缝转场效果

蒙版的原理就是通过绘制形状，指定画面中的区域显示或者不显示。基于这个原理可以制作出旅拍、Vlog 中常见的无缝转场效果。

请将第一个画面中的柱子作为遮挡物，在柱子划过画面的同时出现第二个画面，从而实现无缝转场的效果，如图 4-98 所示。

课后练习-Vlog 中常见的无缝转场效果

图 4-98

【关键步骤提示】

（1）绘制蒙版。根据第一个画面中柱子的形状绘制蒙版，让蒙版紧贴着柱子的边缘即可。

（2）制作关键帧动画。因为柱子是移动的，所以要给刚才绘制蒙版的路径添加关键帧，让蒙版始终贴着柱子的边缘移动。

（3）放置第二段素材。因为通过蒙版将柱子右边的部分抠除后，右边部分就变成了透明的。此时，只需要将第二段素材放置在第一段素材的下方，就可以实现无缝转场的效果了。

Chapter 5

第 5 章　短视频之绿幕抠像特效

5.1　抠像的应用场景

5.1.1　影视级特效场景

如果大家看过科幻电影，是否好奇那些科幻场景到底是怎么拍出来的？地球上真的存在这样的场景吗？

其实这些科幻场景的拍摄手法是提前在绿幕前拍好人物，再把视频放在软件中进行后期处理，将绿幕抠除只保留人物。人物在前，场景在后，合成在一起就变成了我们在电影院看到的样子，如图 5-1 所示。

抠像的应用场景

图 5-1

5.1.2　微电影、宣传片等场景

除了专业的影视级特效场景会用到绿幕，一般微电影、宣传片的拍摄也会用到，绿幕可以将人或者物合成到现实的场景中。通过绿幕抠像的方式，可以用较低的成本实现不错的效果，如图 5-2 所示。

图 5-2

5.1.3 企业微课录制

微课就是视频教程的意思。如果大家有一技之长，如演讲、主持和剪辑等，都可以通过录制视频教程的方式分享给有需要的朋友。

微课的形式灵活多样，一般会在讲师出镜的时候在其身后放置一块绿幕，如图 5-3 所示，后期在软件中将绿幕抠除，并根据讲课的场景替换背景，如图 5-4 所示。这种方式可以辅助讲课和标注说明，会使微课显得生动有趣且更符合主题。

图 5-3

（a）替换黑板背景　　　　　　　　（b）替换图书馆背景

图 5-4

5.1.4 自媒体短视频特效

如今直播行业火爆，很多主播会利用实时替换绿幕背景的功能，在绿幕前进行直播。一些短视频博主在出镜的时候，也会选择在绿幕前进行拍摄。另外，在制作一些短视频特效、剪辑魔术的时候，绿幕也是必不可少的道具，如图 5-5 所示。

图 5-5

5.2 常用的抠像背景

5.2.1 绿幕与蓝幕的区别

抠像除了可以使用绿幕，还可以使用蓝色的幕布来搭建场地，叫作蓝幕，如图 5-6 所示。

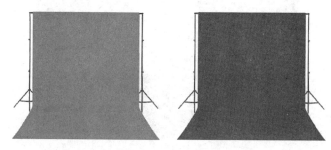

图 5-6

　　这两种背景都在抠像合成中使用得比较多，但是最常使用的还是绿幕，因为绿幕颜色更加明亮，在抠出人物图像之后，人物图像的边缘不易产生黑边，抠像效果更好。同时，因为绿色更加明亮，不需要复杂的灯光设计，所以也在一定程度上降低了制作成本。

　　绿幕和蓝幕的选择主要根据场景中的物体和服装颜色来决定。如果演员的服装是绿色的就不能在绿幕前进行拍摄，因为在后期处理的时候，绿色的衣服会随着绿幕一起被抠掉。同理，如果演员的眼睛是蓝色的，就不能在蓝幕前拍摄。

5.2.2　搭建绿幕的注意事项

　　在搭建绿幕时需要注意以下几个细节。

　　（1）保证绿幕的平整性。如果绿幕有褶皱，光打过来后，褶皱处会产生不同程度的阴影，这样会给后期抠像造成一定的影响，如图 5-7 所示。

　　（2）保证光源照射的均匀性，否则也会产生一些阴影。

　　（3）保持人物与绿幕背景的距离。人物和绿幕之间不能离得太近，离得太近，人物的皮肤和衣服的边缘就容易反射绿色光，在后期抠像时容易被抠掉。

　　（4）服装或道具切勿与背景颜色一致或相近。如果服装或道具的颜色与背景颜色一致或相近，那这些服装或道具也会被抠掉，如图 5-8 所示。

图 5-7

图 5-8

5.3　抠像方法

5.3.1　绿幕的分类

　　绿幕素材主要分两大类。一类是计算机合成的素材，它的绿色比较纯净，很容易抠掉，如图 5-9 所示。另一类是手动搭建的绿幕素材，由于环境和光线等原因，这类素材在后期抠像时就稍微复杂一些，如图 5-10 所示。

图 5-9

图 5-10

两种抠像方法

5.3.2 超级键效果的用法

STEP 1 将练习素材导入【项目】面板，并将其拖曳到【时间轴】面板的 V1 轨道上，如图 5-11 所示。

STEP 2 在【效果】面板中搜索【超级键】，找到视频效果下的【超级键】效果，将其拖曳到【时间轴】面板中的素材上，如图 5-12 所示。

 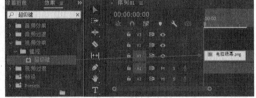

图 5-11   图 5-12

在【效果控件】面板中，单击【主要颜色】后面的【吸管工具】图标 🖋，如图 5-13 所示。此时，鼠标指针就会变成吸管形状，将鼠标指针移动至【监视器】面板中，单击屏幕中的绿色，如图 5-14 所示。屏幕中的绿色就被抠除了。

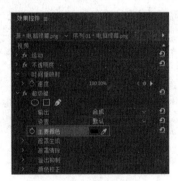 

图 5-13   图 5-14

STEP 3 单击【监视器】面板中的【扳手】图标 🔧，在弹出的菜单中选择【透明网格】命令，如图 5-15 所示。此时【监视器】面板中的画面效果如图 5-16 所示。

图 5-15   图 5-16

STEP 4 在【项目】面板中选择一张图片或其他素材，将其拖曳至【时间轴】面板的 V1 轨道上，并将电脑绿幕素材上移至 V2 轨道，如图 5-17 所示，【监视器】面板中的画面效果如图 5-18 所示。

图 5-17

图 5-18

5.3.3　颜色键+超级键效果的组合用法

5.3.2 小节的方法比较适合计算机合成的绿幕，但在实际的抠像过程中，不会这么简单，由于光线和场景的原因，绿幕不会这么平整，因此需要结合使用【颜色键】和【超级键】效果。

STEP 1　将拍摄的绿幕素材从【项目】面板中拖曳至【时间轴】面板的 V1 轨道上，如图 5-19 所示。此时【监视器】面板中的画面左下角有一个大力夹露出来了，需要将它处理掉，如图 5-20 所示。

图 5-19

图 5-20

STEP 2　在【效果】面板中搜索【裁剪】，找到【视频效果】下的【裁剪】效果，将其拖曳到【时间轴】面板中 V1 轨道的素材上，如图 5-21 所示。

在【效果控件】面板中将【左侧】参数值改为 10.0%，将【右侧】参数值改为 20.0%，如图 5-22 所示。此时【监视器】面板中的画面效果如图 5-23 所示。

图 5-21

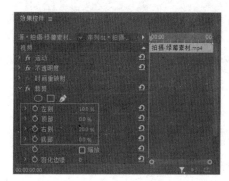

图 5-22

图 5-23

STEP 3 在【效果】面板中搜索【颜色键】，找到【视频效果】下的【颜色键】效果，将其拖曳到【时间轴】面板 V1 轨道的素材上，如图 5-24 所示。

图 5-24

在【效果控件】面板中单击【主要颜色】后的【吸管工具】图标，并在【监视器】面板中单击绿幕背景，如图 5-25 所示。在【效果控件】面板中，将【颜色键】效果下【颜色容差】参数值改为 34，如图 5-26 所示。

图 5-25

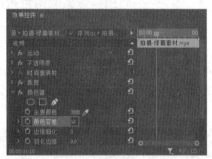

图 5-26

此时，【监视器】面板中的画面效果如图 5-27 所示。

STEP 4 在添加完一个【颜色键】后，可以看到画面中大部分的绿色已经被抠除了，但是画面的底部和右下角依然有残留。将【效果】面板的【颜色键】效果拖曳到素材上，在【效果控件】面板中单击【主要颜色】后的【吸管工具】图标，在【监视器】面板中单击残留的绿色，如图 5-28 所示。

图 5-27

图 5-28

在【效果控件】面板中将第二个【颜色键】效果下的【颜色容差】参数值改为 14，如图 5-29 所示，【监视器】面板中的画面效果如图 5-30 所示，可以看到人物后方的绿幕背景已经被抠除了。

STEP 5 仔细观察画面可以发现，人物头发和衣服的边缘还残留有部分绿色没有去除，如果再添加【颜色键】效果，效果也不会太明显。

在【效果】面板中搜索【超级键】，找到【视频效果】下的【超级键】效果，并将其拖曳到绿幕素材上，如图 5-31 所示。

在【效果控件】面板中，单击【颜色键】前面的图标 fx，暂时关闭这两个效果，如图 5-32 所示。单击【超级键】效果下【主要颜色】后面的【吸管工具】图标，在人物头发附近单击，如图 5-33 所示。

在【效果控件】面板中调整【超级键】下方的参数。

展开【遮罩生成】，将【透明度】改为 45.0，将【高光】改为 0.0，将【阴影】改为 100.0，将【容差】改为 1.0，将【基值】改为 100.0。

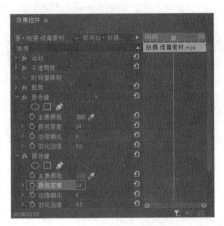

图 5-29

图 5-30

图 5-31

展开【遮罩清除】，将【抑制】改为 23.0，将【柔化】改为 15.4.0，将【对比度】改为 100.0，将【中间点】改为 0.0，如图 5-34 所示。

图 5-32

图 5-33

图 5-34

从【项目】面板中将背景素材拖曳至【时间轴】面板的 V1 轨道上，并将刚才的绿幕素材上移至 V2 轨道，如图 5-35 所示。此时，【监视器】面板中的画面效果如图 5-36 所示。

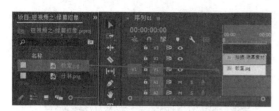

图 5-35　　　　　　　　　　　　　　　　　　　　图 5-36

课堂案例：撕纸转场效果

STEP 1 将本练习的素材导入【项目】面板中，并将其拖曳到【时间轴】面板中的轨道上，按图 5-37 所示的顺序放置。此时播放，【监视器】面板中的画面效果如图 5-38 所示。

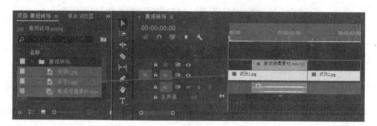

撕纸转场效果

图 5-37

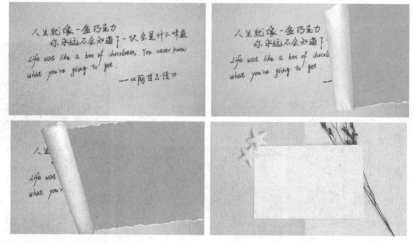

图 5-38

STEP 2 最上方的撕纸素材是带有绿幕的，既然有绿幕就需要将绿幕抠除。在【效果】面板中搜索【超级键】，并将搜索到的【超级键】效果拖曳到【时间轴】面板 V2 轨道的素材上，如图 5-39 所示。

在【效果控件】面板中，单击【超级键】效果下【主要颜色】后面的【吸管工具】图标，在【监视器】面板画面中的绿幕上单击，如图 5-40 所示。

因为该素材的绿幕是用计算机合成的，所以使用【超级键】效果可以一键抠除，此时【监视器】面板中的画面效果如图 5-41 所示。可以看到，原本是绿色的部分被抠除后，就露出了下方的画面。

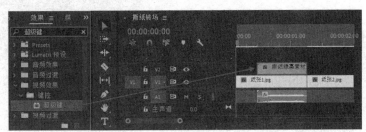

图 5-39

图 5-40

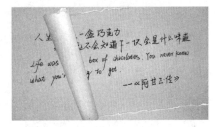

图 5-41

STEP 3 此时可以发现，卷轴部分已经有了，但与想要的效果不符。所需效果是当卷轴划过的时候漏出第二张图片。

在【工具】面板中选择【剃刀工具】，将"纸张 1"素材裁开，如图 5-42 所示。将后半部分上移至 V3 轨道，如图 5-43 所示。

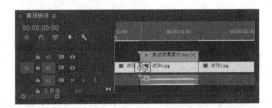

图 5-42

图 5-43

将"纸张 2"素材前移至"纸张 1"素材的后方，将空缺的位置填补上，如图 5-44 所示。

图 5-44

STEP 4 在【效果】面板中搜索【设置遮罩】，将搜索到的【设置遮罩】效果拖曳至 V3 轨道的素材上，如图 5-45 所示。将【从图层获取遮罩】改为【视频 2】，同时勾选【反转遮罩】复选框，如图 5-46 所示。

此时播放，【监视器】面板中的画面效果如图 5-47 所示。可以看到，随着卷轴划过，下方的画面就逐渐显示了出来。

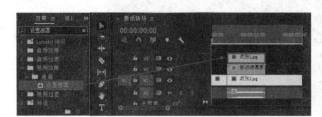
图 5-45

图 5-46

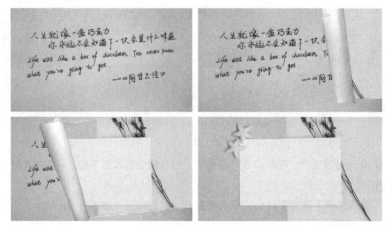
图 5-47

5.4 本章小结

　　本章重点讲解了绿幕抠像特效，介绍了绿幕抠像的主要应用场景，大到影视级特效，小到自媒体短视频都会用到绿幕抠像。同时，本章也讲解了在搭建绿幕场景的时候要注意的以下 4 点。

　　（1）保证绿幕的平整性。

　　（2）保证光源照射的均匀性。

　　（3）保持人物与背景的距离。

　　（4）服装或道具切勿与背景颜色一致或相近。

　　另外，在抠像的时候，要根据不同的素材选择不同的方法。例如，当抠除计算机合成的绿幕时，单独使用【超级键】效果就可以了。当抠除拍摄的绿幕素材时，为了保证抠像效果，应组合使用【颜色键】效果和【超级键】效果。

5.5 拓展知识

　　【超级键】的进阶用法。

　　前文介绍了两种抠像方法，分别是使用【超级键】效果抠像及组合使用【颜色键】效果和【超级键】

效果抠像，通过这两种方法可以快速地去除绿幕和蓝幕。但在实际的抠像场景中，一些简单的纯色背景也可以使用这两种方法来去除。

STEP 1 在软件中导入一张图片，如图 5-48 所示。假设要去掉画面中的背景，只保留高脚凳该如何做呢？参考之前抠绿幕的方法，在【效果】面板中搜索【超级键】效果，将其添加给图片素材，如图 5-49 所示。

图 5-48   图 5-49

STEP 2 在【效果控件】面板中选择【吸管工具】，吸取选画面上半部分的蓝色，可以看到画面中的蓝色已经被抠除，只剩下淡黄色的部分，如图 5-50 所示。

图 5-50

STEP 3 重复上述操作再次给图片添加【超级键】效果，如图 5-51 所示。使用第二个【超级键】效果的【吸管工具】，吸取画面底部的淡黄色即可，完成后【监视器】面板中的画面效果如图 5-52 所示。

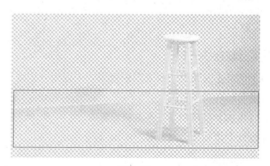

图 5-51   图 5-52

STEP 4 因为图片底部的阴影比较重，所以背景没有完全抠除干净。在【效果控件】面板，调整第二个【超级键】效果的参数，将【容差】改为 100.0，将【基值】改为 10.0，如图 5-53 所示。

此时原本的背景就被抠除了，只保留了高脚凳，如图 5-54 所示。

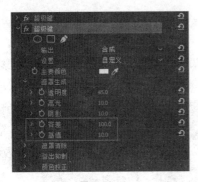

图 5-53

图 5-54

5.6 课后练习：穿越屏幕转场效果

大家学习剪辑的时候，要学会将各种不同的效果组合起来使用。例如在抠像的时候，可以结合之前的关键帧动画的知识，制作出不同的效果。

请结合本章所讲的内容和关键帧动画的相关知识，制作穿越屏幕转场的效果，如图 5-55 所示。

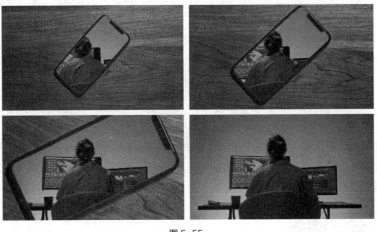

穿越屏幕转场效果

图 5-55

🔍+ 【关键步骤提示】

（1）使用【超级键】效果抠除绿幕。要想制作穿越屏幕的效果，首先就要将屏幕内的绿幕抠除，让屏幕变成透明的。

（2）添加关键帧动画。在抠除绿幕后，下一步就需要给手机制作动画，在【效果控件】面板中调整【位置】【缩放】【旋转】参数值制作关键帧动画。

Chapter 6

第6章　短视频之视频调色

6.1　调色的重要性

本章介绍调色的相关内容，调色是做好视频至关重要的一步。调色不仅可以赋予视频画面一定的艺术美感，而且可以为视频注入情感，例如黑色代表神秘、恐惧，蓝色代表科技、冷酷，红色等一些暖色调颜色代表温暖、热情等。

人们常说视频有电影感，很大程度上是在说视频画面具备电影感的色调。颜色可以用来辅助叙事，即使是同一个场景，通过颜色和音效的变化，就能让观众产生不同的感受。

图6-1所示是一张随手拍摄的照片，可以看到画面寡淡、平平无奇。但是经过调色后，整个画面的质感就有了很大的提升，然后在画面中添加上、下两条黑边和一行字幕，该画面就有电影的感觉了，如图6-2所示。

图6-1

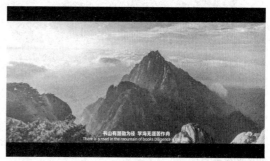
图6-2

6.2　调色的基本原理

6.2.1　RGB——光的三原色

要想看到颜色，就必须有光。人眼能看到色彩，离不开光。光是色彩的重要来源，没有光就没有色彩。光无处不在，如图6-3所示。

通过三棱镜的折射，会出现红色、橙色、黄色、绿色、蓝色、靛色、紫色，这7种颜色的可见光，如图6-4所示。

调色的基本原理

经过一番研究后，发现这7种颜色中只有红色、绿色、蓝色，这3种颜色是没法再继续分解的，因此红色、绿色、蓝色也被称为光的三原色，也就是常说的RGB，如图6-5所示。

图 6-3

图 6-4

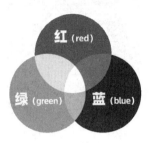

图 6-5

肉眼看到的所有颜色都是由红色、绿色、蓝色这 3 种颜色组成的，使用不同的比例把它们混合在一起，就可以得到各种各样的颜色，这就是 RGB 的工作原理。绝大多数的显示器都用的是这个色彩模式，如计算机显示器、手机屏幕等。如果把显示器上的内容放到最大，可以发现，它们是由一个个像素组成的，如图 6-6 所示。

每个像素都是由红色、绿色、蓝色这 3 种颜色的发光体混合而成，这 3 种颜色的光的强度为 2^8，数值范围为 0~255，数值越高，颜色越亮，相反数值越低，颜色越暗。通过这样的方式，颜色就被数字化了。

例如，红色的 RGB 值为(255,0,0)，如图 6-7 所示。这表示红色发光体的发光强度最大，为 255，绿色和蓝色发光体不发光，所以数值为 0。如果想得到绿色，就把 RGB 值改为(0,255,0)。

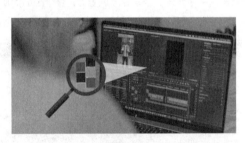

图 6-6

图 6-7

用 RGB 值去描述颜色是针对计算机显示器而言的，平时跟别人交流不会这样去形容颜色，不会说这个帽子的颜色是(0,255,0)。

日常形容颜色的时候通常会说它鲜艳不鲜艳，是亮还是暗。因此，接下来介绍另外一种颜色的表示方式：HSB。

6.2.2 HSB——色彩的基本属性

H（Hues）指的是色相，就是颜色的名称，它是区分不同颜色的基本属性。如红色、蓝色，以物体举例就是红苹果、蓝莓、绿草地等，如图 6-8 所示。

S（Saturation）指的是饱和度，也就是颜色的鲜艳程度，饱和度越高，颜色就越鲜艳。图 6-9 所示图像的饱和度更高，颜色看起来鲜艳，而图 6-10 所示图像的饱和度偏低，颜色看上去较灰暗。

图 6-8

图 6-9

图 6-10

B（Brightness）指的是明度，也就是颜色的明亮程度。例如同一个房间，白天和夜晚相比，白天的光线好，房间就会亮一些，如图 6-11 所示；夜晚光线不好房间就暗一些，如图 6-12 所示。明度高低主要是由光线的强弱决定的。

图 6-11

图 6-12

6.2.3 RGB 加色模式与 CMYK 减色模式

1. RGB 加色模式

RGB 模式是一种发光模式，通过红色（R）、绿色（G）、蓝色（B）3 个颜色通道的变化和叠加来得到各式各样的颜色，因此称其为加色模式，如图 6-13 所示。

RGB 包括了人类视力所能感知的所有颜色，是目前运用最广的颜色系统之一，它广泛用于电子系统中如电视、电脑、手机等。

2. CMYK 减色模式

CMYK 是一种依靠反光的色彩模式，也称为印刷色彩模式。CMYK 中各字母分别对应 4 种印刷油墨名称的首字母。

C：Cyan，青色，常被误称为天蓝色或湛蓝色。

M：Magenta，洋红色，又称为品红色。

Y：Yellow，黄色。

K：Black，黑色，此处缩写使用最后一个字母 K 而非开头的 B，是为了避免与蓝色（Blue）混淆。

CMYK 色彩模式基于油墨的光吸收、反射特性，人眼看到的颜色实际上是物体吸收白光中特定频率的光而反射其余光所呈现的颜色，也就是从白光中减去一些颜色而产生的颜色，因此称该模式为减色模式。CMYK 减色模式的示意图如图 6-14 所示。

3. CMYK 和 RGB 的区别

RGB 是显示设备标准，CMYK 是打印设备标准。

制定两种标准是因为显示设备和打印设备应用于完全不同的行业。制网络图片用 RGB 模式，可以呈现高清晰度、高饱和度和对比明显的色彩；制广告传媒用 CMYK 模式，可以得到颜色自然、字体清晰的打印效果。

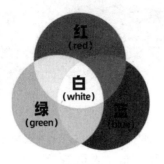

图 6-13

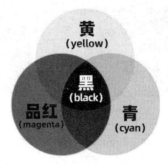

图 6-14

6.2.4　互补色原理

颜色模型和
互补色原理

互补色也称为对比色或者对抗色。把色相条首尾相连，就可以得到一个色相环，如图 6-15 所示。在色相环上，相隔 180° 的两种颜色互为补色。例如红色与青色互为补色，黄色与蓝色互为补色，绿色与品红色互为补色。

互补色的两个特点如下。

（1）互补色混合会变成白色。

（2）任意一个原色的互补色可以由另外两个原色混合得到。

除了这两个特点之外，常用的配色方案中也经常会使用互补色。例如青橙色调，青色是冷色调，橙色是暖色调，将两者放在同一画面就会形成强烈的对比效果，很多电影也会采用这种配色方案，如图 6-16 所示。

图 6-15

图 6-16

6.2.5　邻近色原理

邻近色是指在色相环中两个靠近的颜色。红色的邻近色就是黄色和品红色，蓝色的邻近色是品红色和青色，绿色的邻近色是黄色和青色，如图 6-17 所示。

邻近色因为色相相近，可以创造出一个比较和谐的画面，并且不像互补色那样有较强的对比。

图 6-17

6.3 色彩的基本校正

6.3.1 Lumetri 范围面板

在 Premiere 中，调色主要用到的面板是【Lumetri 范围】面板和【Lumetri 颜色】面板，如图 6-18 所示。

【Lumetri 范围】面板中主要显示的是一些图标，它是画面信息最直接的表现；而【Lumetri 颜色】面板中显示的是一些可调整的参数。因此，调色的顺序一般为通过【Lumetri 范围】面板中的图标信息找出画面的问题，再通过【Lumetri 颜色】面板中的参数去修正画面。

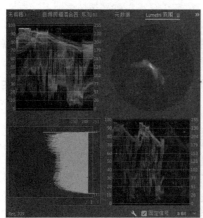 

（a）【Lumetri 范围】面板　　　　　（b）【Lumetri 颜色】面板

图 6-18

6.3.2 认识 RGB 分量图

选择【窗口>Lumetri 范围】命令，如图 6-19 所示，打开【Lumetri 范围】面板，如图 6-20 所示。

 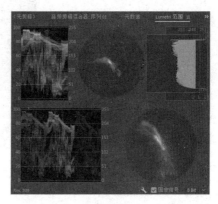

图 6-19　　　　　　　　　　　　　　　图 6-20

有的读者打开这个面板后，看到的界面可能与书中插图体现的不一样，那是因为大家的设置不同。在该面板上单击鼠标右键，在弹出的快捷菜单中可以看到有很多命令，初学者目前只需要了解【分量（RGB）】就可以了。选择【分量（RGB）】命令，如图 6-21 所示。此时，【Lumetri 范围】面板如图 6-22 所示。

图 6-21　　　　　　　　　　　　　　　　　　　　图 6-22

在 RGB 分量图中有 3 个波形图，它们分布代表了画面中红色、绿色、蓝色 3 个颜色信息的分布形态，通过这些波形图可以清晰地看到画面中包含了多少红色、多少绿色和多少蓝色。

最左侧的数值范围为 0～100，0 表示画面的最暗部，100 表示画面的最亮部。在调色的时候，要参考 RGB 分量图，让这 3 个波形图中的最大值不超过 100，最小值不低于 0，否则就会出现"死白"和"死黑"的情况。

最右侧的数值范围为 0～255，0 表示不发光（即画面为黑色），255 表示发光强度最大（即白色），这些数值跟左侧的 0～100 一一对应。

6.3.3　亮度校正器

如果画面中的亮部超过了 100，就说明画面曝光过度了。在【效果】面板中搜索【亮度校正器】，将【亮度校正器】效果添加给素材后，在【效果控件】面板可以看到用于调整【亮度】的参数，如图 6-23 所示。通过调整参数值，可以修正画面的曝光度。

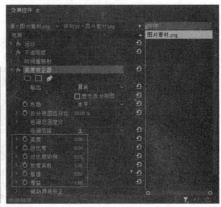

图 6-23

6.3.4　RGB 颜色校正器

如果 RGB 分量中的 3 个波形图形状不一致或者差别太大，那么画面的颜色信息也会有较大的差别，会让画面显得不平衡。可通过在【效果】面板中搜索【RGB 颜色校正器】，将【RGB 颜色校正器】效果添加给素材，在【效果控件】面板中调整【RGB】下的红色、绿色、蓝色通道的相关参数值来进行修正，如图 6-24 所示。

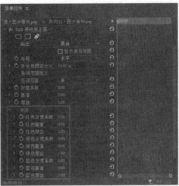

图 6-24

课堂案例 6-1：还原视频的正常颜色

接下来通过一个具体的案例，讲解【亮度校正器】和【RGB 颜色校正器】的运用。

STEP 1 分析画面。

从【项目】面板中将本案例的图片素材拖曳至【时间轴】面板的 V1 轨道上，如图 6-25 所示。此时【监视器】面板中的画面效果如图 6-26 所示。

还原视频正常颜色

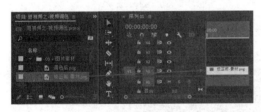

图 6-25

图 6-26

观察画面，可以发现整体画面偏红、偏暗，尤其是人物的衣服部分。衣服本来是黑色的，画面偏暗时衣服的颜色就不容易被看到了。

观察【Lumetri 范围】面板中的波形图，可以看到底部的 0~15 是没有颜色信息的。同时，最左侧红色通道的信息明显比绿色和蓝色通道的信息多，如图 6-27 所示。

STEP 2 调整亮度和对比度。

在【效果】面板中搜索【亮度校正器】，将【视频效果】下的【亮度校正器】效果拖曳到 V1 轨道的素材上，如图 6-28 所示。在【效果控件】面板中将【对比度】的参数值增加至 30.00，如图 6-29 所示。

图 6-27

【Lumetri 范围】面板底部 0~15 的颜色信息现在就有了，如图 6-30 所示。画面的暗部信息也被找回来了一些，【监视器】面板中的画面效果如图 6-31 所示。

STEP 3 调整 RGB 分量。

与此同时，可以看到【Lumetri 范围】面板中的红色和绿色通道的信息量已经超过了 100，说明画面偏红、偏绿。如果要校正画面，我们就需要将红色和绿色的信息量降下来。

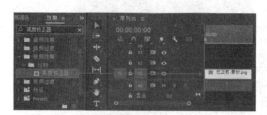

图 6-28

图 6-29

图 6-30

图 6-31

在【效果】面板中搜索【RGB 颜色校正器】，找到【视频效果】下的【RGB 颜色校正器】效果，将其拖曳至刚才的图片素材上，如图 6-32 所示。

图 6-32

在【效果控件】面板中调整参数如图 6-33 所示。将【Lumetri 范围】面板中的 RGB 分量形状调整至大概一致，如图 6-34 所示。

此时在【监视器】面板的画面中可以看到，原本偏暗、偏红的素材已经恢复正常，如图 6-35 所示。

图 6-33

图 6-34

图 6-35

6.4 Lumetri 颜色面板详解

选择【窗口>Lumetri 颜色】命令，如图 6-36 所示。【Lumetri 颜色】面板主要分为 6 个版块：【基本校正】、【创意】、【曲线】、【色轮和匹配】、【HSL 辅助】、【晕影】，如图 6-37 所示，分别对应 6 种工具。

图 6-36

图 6-37

6.4.1 基本校正工具

基本校正工具

【基本校正】工具下主要包括【白平衡】和【色调】，如图 6-38 所示。

白平衡主要用于还原画面中的白色。因为环境光线或者相机参数的设置等，拍摄出来的素材可能会出现色偏，这个时候就需要调整白平衡以还原正确的白色。

观察图 6-39 所示的图像，可以发现该素材是明显偏黄的。在【Lumetri 范围】面板中，可以看到红色通道的信息量已经超过了 100，如图 6-40 所示。

图 6-38

图 6-39

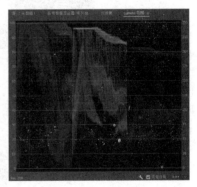
图 6-40

在【Lumetri 颜色】面板中，将【白平衡】下的【色温】滑块向左拖曳，让它偏向与黄色的相反方向即可，如图 6-41 所示。此时【监视器】面板中的画面效果如图 6-42 所示。

【色调】下的参数比较多，主要包括【曝光】、【对比度】、【高光】、【阴影】、【白色】、【黑色】。通过这些参数可以更细致地调整画面的色调。

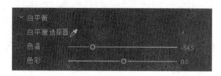

图 6-41

图 6-42

- 【曝光】：主要控制画面的亮度信息，曝光分为曝光过度、曝光正常和曝光不足。
- 【对比度】：画面明暗的对比程度，对比度越高，画面的亮部越亮，暗部越暗；对比度越低，画面越偏灰。
- 【高光】：主要控制画面的亮部信息。
- 【阴影】：与【高光】的效果刚好相反，主要控制画面的暗部信息。
- 【白色】：主要用来控制画面的高光部分，不过它的影响范围比【高光】的小。
- 【黑色】：主要用来控制画面的暗部信息，同样它的影响范围比【阴影】的小。

6.4.2 套用 LUT

颜色查找表（Look-Up-Table，LUT）相当于一个"滤镜"。制作者将已经调好色的颜色信息重新打包，然后分享给其他人，其他人可以直接套用。套用 LUT 的方法主要有以下两种。

方法一：【创意】板块包含了软件自带的很多预设，单击左右的切换箭头即可在多种预设中切换，如图 6-43 所示。

如何套用 LUT
预设

图 6-43

方法二：展开【Look】下拉列表，选择【浏览】选项，如图 6-44 所示。在弹出的对话框中选中【赛博朋克 lut 预设】后单击【打开】按钮，如图 6-45 所示。这样就可以将预设加载到画面中，此时【监视器】面板中的画面效果如图 6-46 所示。

图 6-44

图 6-45　　　　　　　　　　　　图 6-46

6.4.3　曲线工具

【曲线】工具主要包括【RGB 曲线】和【色相饱和度曲线】，接下来重点介绍【RGB曲线】，如图 6-47 所示。

曲线工具的使用

图 6-47

【RGB 曲线】中有 4 条曲线，分别为白色曲线、红色曲线、绿色曲线和蓝色曲线，如图 6-48 所示。白色曲线是由红色、绿色、蓝色 3 条曲线叠加而成的，它可以对图像影调进行调整；红色、绿色、蓝色 3条曲线则可以对图像做风格化调色。

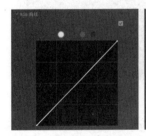 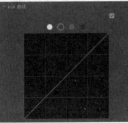 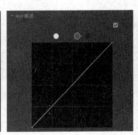 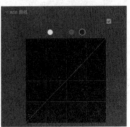

图 6-48

曲线的不同形状对画面有不同的影响，将曲线往上提会增加曲线所控制的颜色，如图 6-49 所示。将曲线往下拉会减少曲线所控制的颜色，如图 6-50 所示。

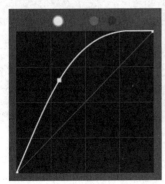 

图 6-49

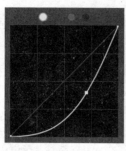

图 6-50

6.4.4 色轮和匹配工具

对于【色轮和匹配】工具，本小节主要介绍【颜色匹配】功能，如图 6-51 所示。

如果要使用这个功能，就需要提前准备两张图片或两段视频素材。第一张图片或第一段视频的色调是目标色调，也就是最终要达到的效果，第二张图片或第二段视频是需要调色的素材。

在【项目】面板中导入两张图片，并将其拖曳至【时间轴】面板的 V1 轨道上，如图 6-52 所示。在【Lumetri 颜色】面板中单击【色轮和匹配】板块中的【比较视图】按钮，如图 6-53 所示。

图 6-51   图 6-52

【监视器】面板中原本是一个画面，现在变成了一左一右两个画面，左边画面的色调是目标色调，也就是最终要达到的效果，此时可以通过移动下方的滑块去选择画面。右边的画面就是要调色的素材，如图 6-54 所示。

图 6-53   图 6-54

调整好参考画面和当前画面后，在【Lumetri 颜色】面板中单击【色轮和匹配】板块中的【应用匹配】按钮，如图 6-55 所示。此时【监视器】面板中的画面效果如图 6-56 所示。可以看到，左右两侧的画面色调已经趋近统一了。

图 6-55

图 6-56

 小贴士

改变视图显示方式。

　　目前，在【监视器】面板看到的视图是一左一右的，此时单击画面下方的【垂直拆分】按钮 ▮，两个画面就会合二为一，同时通过移动中间的竖线可以进行移动观看，如图 6-57 所示。

　　如果单击【水平拆分】按钮 ▭，两个画面就会一上一下显示，也可以通过移动中间的横线来移动观看，如图 6-58 所示。

图 6-57

图 6-58

6.4.5　HSL 辅助工具

　　【HSL 辅助】工具主要用来进行风格化调色，通过该工具可以更改指定的颜色，如图 6-59 更改颜色主要分为两步：通过【吸管工具】准确地选取某种颜色和更改选中颜色的色相。

　　在【HSL 辅助】板块中，H 代表色相，S 代表饱和度，L 代表亮度。

HSL 辅助工具和晕影

STEP 1 选中颜色。

　　将"天空"素材导入【项目】面板，并将其拖曳至【时间轴】面板的 V1 轨道上，如图 6-60 所示。此时【监视器】面板中的画面效果如图 6-61 所示。

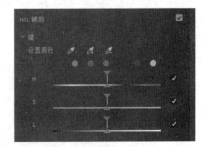

图 6-59

图 6-60

图 6-61

若要选中天空的颜色，只需在【Lumetri 颜色】面板中单击【HSL 辅助】板块中的【吸管工具】图标，再在天空的位置单击，如图 6-62 所示。

图 6-62

此时，【HSL 辅助】板块就有了变化，勾选【彩色/灰色】复选框，如图 6-63 所示。有颜色信息的部分被选中，没有选中的部分就是灰色的，如图 6-64 所示。

图 6-63

图 6-64

观察画面，可以看到天空部分还有很多是没有被选中的。此时，单击【HSL 辅助】板块中的【加色工具】图标，在没有选中的部分单击，如图 6-65 所示。

通过这样的方式选中颜色范围，直至整个天空被完全选中，如图 6-66 所示。

图 6-65

图 6-66

STEP 2 更改颜色。

在【HSL 辅助】板块中展开【更正】，将鼠标指针放在色轮的中间，等到鼠标指针变成"十"字形状时，按住鼠标左键往右下角拖曳，让刚才选中的天空偏蓝色，如图 6-67 所示。

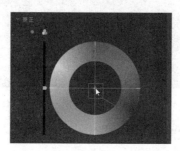

图 6-67

更改颜色后可以发现，图片的天空部分比原本的素材变得更蓝了，如图 6-68 所示。

（a）调色前

（b）调色后

图 6-68

6.4.6　晕影工具

【晕影】工具主要用来营造暗角。给图片或视频增加暗角，能够让其更具电影般的质感。

从【项目】面板中将"城市素材"拖曳至【时间轴】面板的 V1 轨道上，如图 6-69 所示。此时【监视器】面板中的画面效果如图 6-70 所示。

图 6-69

图 6-70

在【晕影】板块中将【数量】参数值改为-3.0，将【中点】参数值改为 0.0，将【羽化】参数值改为 100.0，如图 6-71 所示。此时【监视器】面板中的画面效果如图 6-72 所示。画面的四周出现了淡淡的黑色晕影，能够让观众的视线聚集在画面的中心。

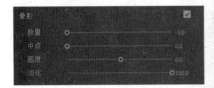

图 6-71   图 6-72

春去秋来颜色渐变
效果

课堂案例 6-2：春去秋来颜色渐变效果

STEP 1 导入素材。

将本案例的练习素材导入【项目】面板，并将其拖曳到【时间轴】面板的 V1 轨道上，如图 6-73 所示。此时【监视器】面板中的画面效果如图 6-74 所示。画面中的树叶是绿色的，我们需要将其变成黄色。

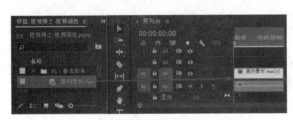

图 6-73   图 6-74

STEP 2 选中颜色范围。

在【Lumetri 颜色】面板中单击【HSL 辅助】板块中的【吸管工具】图标，在画面中单击树叶的绿色部分，如图 6-75 所示。

勾选【彩色/灰色】复选框，如图 6-76 所示。此时【监视器】面板中的画面效果如图 6-77 所示。画面中已选中的部分为彩色，没有被选中的部分为灰色。

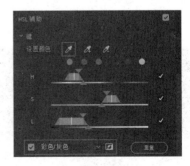

图 6-75   图 6-76

要将树叶全部选中，需要使用【HSL 辅助】板块中的【加色工具】和【减色工具】，最终选取效果如图 6-78 所示。

图 6-77 | 图 6-78

STEP 3 优化选区。

树叶部分的绿色已经被选中了，但是没有被选中的部分也会有一些色块，因此树叶的边缘会有一些毛糙，此时需要对未选中的部分和树叶边缘做一些优化。

在【HSL 辅助】板块中将【降噪】参数值改为 100.0，将【模糊】参数值改为 10.0，如图 6-79 所示。此时【监视器】面板中的画面效果如图 6-80 所示。

图 6-79 | 图 6-80

STEP 4 更改颜色。

展开【HSL 辅助】板块中的【更正】，将鼠标指针置于色轮的正中心位置，当鼠标指针变为"十"字形状后，按住鼠标左键向左上方黄色区域拖曳，然后将左边的滑块向上移动，提升画面的亮度，如图 6-81 所示。此时【监视器】面板中的画面效果如图 6-82 所示，原本绿色的树叶已经变成了金黄色。

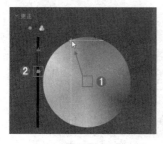

图 6-81 | 图 6-82

STEP 5 制作关键帧动画。

在【时间轴】面板中单击素材将其激活，将时间指示器置于第一帧的位置。在【效果控件】面板中，单击【切换动画】按钮，添加一个关键帧，如图 6-83 所示。

将时间指示器往后移动一点，单击【添加/移除关键帧】按钮，再添加一个关键帧，如图 6-84 所示。此时两个关键帧的参数是一样的，播放的时候并不会产生动画。

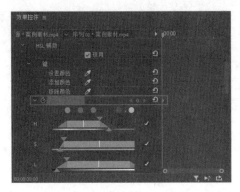

图 6-83

将时间指示器再次移动到第一个关键帧的位置，单击【重置参数】按钮，如图 6-85 所示。可以看到【H】、【S】、【L】后面的滑块已经恢复到默认位置，并未选中任何颜色。

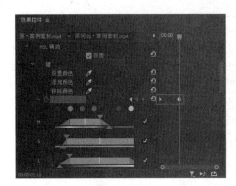

图 6-84

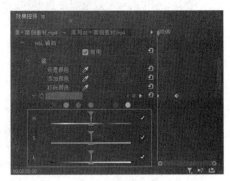

图 6-85

STEP 6 预览最终效果。

播放动画，叶子的颜色慢慢由绿色变成了黄色，春去秋来颜色渐变的效果就制作完成了，如图 6-86 所示。

图 6-86

6.5　课堂练习：正确校正曝光和白平衡

STEP 1 导入素材。

将本练习的素材导入【项目】面板，并将其拖曳到【时间轴】面板的 V1 轨道上，如图 6-87 所示。

STEP 2 分析画面。

正确校正曝光和
白平衡

观察画面发现，首先整个画面偏蓝，而宣纸正常应该是白色的或者是偏黄一点的，其次画面有一点曝光过度，太亮的画面使得黑色文字和宣纸没有明显的区分，如图 6-88 所示。

图 6-87

图 6-88

STEP 3 校正曝光和白平衡。

在【Lumetri 颜色】面板的【基本校正】板块中，将【色温】的滑块往右边移动，让原本偏蓝的画面恢复到正常色调，将【曝光】的参数值改为-0.5，如图 6-89 所示。此时【监视器】面板中的画面效果如图 6-90 所示。

图 6-89

图 6-90

6.6　本章小结

本章讲解了调色的基本原理和调色面板，通过案例系统地梳理了调色相关的知识。

关于调色的基本原理，读者主要需要掌握光的三原色——RGB 和色彩的基本属性——HSB。有了这些理论知识的支撑，调色时才能举一反三。

要利用 Premiere 调色，需重点掌握【Lumetri 范围】面板和【Lumetri 颜色】面板的使用方法。学会通过【Lumetri 范围】面板中的 RGB 分量图分析出画面的问题，再通过【Lumetri 颜色】面板中的 6 个工具解决问题即可。

在熟练掌握了调色的基本原理和调色面板后，就可以运用这些知识去制作一些好玩的特效，如春去秋来颜色渐变效果等。

6.7 拓展知识

使用 HSL 辅助工具校正肤色。

HSL 辅助工具除了可以用于局部调色，还可以用于校正人物的肤色。如果要调整人物的肤色，如把黝黑的皮肤调白一些，同时增加一点红润的感觉，该怎么做呢？

STEP 1 将第 5 章人物抠像后的素材导入【项目】面板，并拖曳至【时间轴】面板的 V1 轨道上，如图 6-91 所示。此时【监视器】面板中的画面效果如图 6-92 所示。

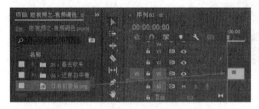

图 6-91   图 6-92

STEP 2 在【HSL 辅助】板块中单击【吸管工具】图标，如图 6-93 所示。在【监视器】面板中，单击人物的面部选取颜色，如图 6-94 所示。

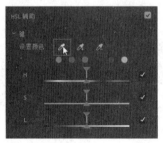

图 6-93   图 6-94

STEP 3 勾选【彩色/灰色】复选框，并调整【H】、【S】、【L】滑块如图 6-95 所示，直至【监视器】面板的画面中只显示人物的脸部和手部，如图 6-96 所示。

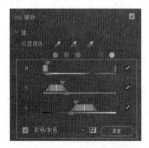

图 6-95   图 6-96

STEP 4 将鼠标指针置于【更正】下色轮的中心位置，按住鼠标左键拖曳，调整刚才选中的脸部和手部的颜色。此处为了让效果更明显，往红色方向拖曳得稍微多一些，如图 6-97 所示。此时【监视器】面板中的画面效果如图 6-98 所示。

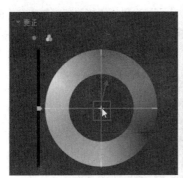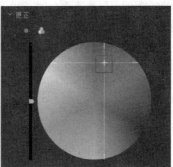

图 6-97

图 6-98

STEP 5 可以看到，人物的脸部和手部已经变成了红色。在【HSL 辅助】板块中，取消【彩色/灰色】复选框，前后的对比效果如图 6-99 所示。

图 6-99

 小提示

　　因为是做案例演示，同时也是为了让读者更容易看出前后的对比效果，所以在色轮中拖曳的幅度比较大，人物的肤色会显得过于红。在实际校正肤色的过程中，应根据素材和实际需求进行调整。

6.8 课后练习：城市黑金色调

在介绍 HSL 辅助工具时，提到了通过【吸管工具】可以选取指定的颜色，其实在【曲线工具】下通过【色相饱和度曲线】也可以选取指定的颜色，并调整选中区域颜色的饱和度。

利用这一点，可以制作出很多其他效果，如城市黑金色调，如图 6-100 所示。

城市黑金色调

图 6-100

【关键步骤提示】

（1）选取颜色。单击【色相饱和度曲线】后面的【吸管工具】图标，选取画面中的金色灯光。

（2）保留单一颜色。既然要制作黑金效果，那么只需要保留金色的灯光，将其他颜色的饱和度全部降为 0 即可，如图 6-101 所示。

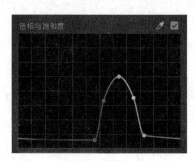

图 6-101

Chapter
7

第 7 章 常用的音频效果

7.1 声音的分类

影视作品中的声音按照声源的不同可以分为人声、音乐、音响 3 类。

● 人声：影视作品中，人物说话所发出的声音就属于人声，它又可以分为对白、独白、旁白等。

对白也叫对话，在影视剧中使用得多，它也是最为重要的人声内容。

独白也叫内心独白，是指剧中人物在画面中对内心活动所进行的自我表述。

旁白是以客观的视角对影视中的故事情节、人物心理加以叙述和评价。旁白主要用来表达情感、揭示主题、刻画人物、推动情节发展、解析人物内在心理、启发观众思考。

● 音乐：泛指影视作品中所有的配乐。

● 音响：指除了人声和音乐外所出现的自然界和人造环境中声音的统称，也称为音效，如雨声、风声、爆炸声等。

7.2 音频过渡效果

通过给同一轨道上相邻的两个音频素材添加转场效果可以实现声音的过渡。【音频过渡】文件夹中的【交叉淡化】效果共有 3 个，分别是【恒定功率】、【恒定增益】、【指数淡化】，如图 7-1 所示。

声音的分类及过渡
效果

图 7-1

7.2.1 恒定功率效果

【恒定功率】效果用于平滑两段音频之间的过渡，添加该效果可以让音频之间的转换更加自然，该效果类似于视频过渡中的【交叉溶解】。

将练习素材导入【项目】面板后将其拖曳到【时间轴】面板的 A1 轨道上，然后在【效果】面板中将【恒定功率】效果拖曳到两段音频中间，如图 7-2 所示。

单击两段音频间的过渡效果，在【效果控件】面板中调整【恒定功率】效果的起始位置，如图 7-3 所示。

图 7-2　　　　　　　　　　　　　　图 7-3

7.2.2　恒定增益效果

【恒定增益】效果用于以恒定速率更改音频之间的过渡。在【效果】面板中，将【恒定增益】效果拖曳到两段音频中间，如图 7-4 所示。

单击两段音频间的过渡效果，在【效果控件】面板中调整【恒定增益】效果的起始位置，如图 7-5 所示。

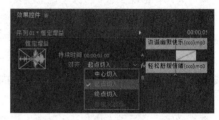

图 7-4　　　　　　　　　　　　　　图 7-5

7.2.3　指数淡化效果

【指数淡化】效果是以指数方式弱化音频的音量，相当于视频过渡中的【黑场过渡】，该效果比较适合用于音频的最后。

在【效果】面板中将【指数淡化】效果拖曳到音频素材末尾，如图 7-6 所示。

单击音频素材末尾的过渡效果，在【效果控件】面板中调整【指数淡化】效果的起始位置，如图 7-7 所示。

图 7-6　　　　　　　　　　　　　　图 7-7

7.3　常用的音频效果及其应用

7.3.1　低通效果

低通效果用于删除高于指定频率的信息，保留指定的某个频率下的声音信息。

在【效果】面板中的【音频效果】下找到【低通】效果，如图 7-8 所示。【低通】效果在【效果控件】
面板中可调整的参数如图 7-9 所示。

图 7-8   图 7-9

课堂案例 7-1：模拟水下音效

STEP 1 将本案例的练习素材导入【项目】面板，并将其拖曳到【时间轴】面板的轨道上，如
图 7-10 所示。此时【监视器】面板中的画面效果如图 7-11 所示。

模拟水下音效

图 7-10

图 7-11

可以看到，这两段素材一段水面上的，一段水面下的，当音乐播放到第二段时，如果能契合画面将音
频切换为水下的效果就会更好。

STEP 2 在【工具】面板中选择【剃刀工具】，在两段素材的交界处将音频裁开，如图 7-12 所示。

在【效果】面板中搜索【低通】，找到【音频效果】下的【低通】效果，将其拖曳到【时间轴】面板
中的第二段音频素材上，如图 7-13 所示。

图 7-12   图 7-13

STEP 3 在【效果控件】面板中，将【低通】效果下【切断】参数值改为 800.0Hz，如图 7-14 所示。

STEP 4 为了让两段音频过渡得更加自然平滑，在【效果】面板中将【恒定功率】效果拖曳到两段音频之间，如图 7-15 所示。

这样，画面从水面上转到水面下时，音乐也会变成水下的效果。

图 7-14

图 7-15

7.3.2 降噪效果

降噪效果主要用于有背景噪声（又称底噪）的音频素材。使用该效果能快速去除背景噪声，保留干净的人声。

在【效果】面板中的【音频效果】下找到【降噪】效果，如图 7-16 所示。【降噪】效果在【效果控件】面板中可调整的参数如图 7-17 所示。

图 7-16

图 7-17

7.3.3 模拟延迟效果

模拟延迟效果主要用于制作回声，可以指定音频延迟的时间。

在【效果】面板中的【音频效果】下找到【模拟延迟】效果，如图 7-18 所示。【模拟延迟】效果在【效果控件】面板中可调整的参数如图 7-19 所示。

图 7-18

图 7-19

课堂案例 7-2：制作回音效果

STEP 1 将本案例的练习素材导入【项目】面板，并将其拖曳到【时间轴】面板的轨道上，如图 7-20 所示。此时【监视器】面板中的画面效果如图 7-21 所示。

制作回音效果

图 7-20　　　　　　　　　　　　　　　图 7-21

STEP 2 在【效果】面板中搜索【模拟延迟】，并将【模拟延迟】效果拖曳到【时间轴】面板的音频素材上，如图 7-22 所示。

图 7-22

将【模拟延迟】效果添加给音频素材后，播放时可以听到有延迟回声的效果了，但还需要进行完善。

在【效果控件】面板中单击【模拟延迟】效果下的【编辑】按钮，如图 7-23 所示。此时会弹出【剪辑效果编辑器-模拟延迟】对话框，在该对话框中选择【默认】预设，如图 7-24 所示。此时播放，就有回音效果了。

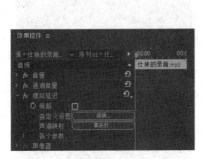

图 7-23　　　　　　　　　　　　　　　图 7-24

7.3.4　卷积混响效果

卷积混响效果主要用于制作混音。例如，给音频添加不同的环境音，并改变原有的音频属性，可以让音频听起来像是在不同环境中真实录制的。

在【效果】面板中的【音频效果】下找到【卷积混响】效果，如图 7-25 所示。【卷积混响】效果在【效果控件】面板中可调整的参数如图 7-26 所示。

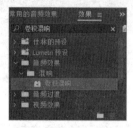

图 7-25

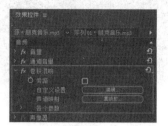

图 7-26

课堂案例 7-3：制作混声音效

制作混声音效

STEP 1 将本案例的练习素材导入【项目】面板，并将其拖曳到【时间轴】面板的 A1 轨道上，如图 7-27 所示。

STEP 2 在【效果】面板中搜索【卷积混响】，并将【卷积混响】效果拖曳到【时间轴】面板的音频素材上，如图 7-28 所示。

图 7-27

图 7-28

STEP 3 在【效果控件】面板中单击【卷积混响】效果下的【编辑】按钮，如图 7-29 所示。此时会弹出【剪辑效果编辑器-卷积混响】对话框，如图 7-30 所示。【脉冲】下拉列表中有很多混响效果，如选择【客厅】效果，关闭该对话框后播放，即可听到添加效果后的音频声音。

图 7-29

图 7-30

小贴士

模拟多种空间音效。

【脉冲】下拉列表中有多种不同空间的音效，如【教室】、【车内】、【演讲厅（阶梯教室）】等，通过切换不同效果来模拟不同的空间音效，如图 7-31 ~ 图 7-33 所示。

图 7-31

图 7-32

图 7-33

7.3.5　吉他套件效果

吉他套件效果可模拟吉他弹奏的效果，使音质更加浑厚。

在【效果】面板中的【音频效果】中找到【吉他套件】效果，如图 7-34 所示。【吉他套件】效果在【效果控件】面板中可调整的参数如图 7-35 所示。

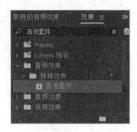

图 7-34

图 7-35

制作震撼音乐效果

课堂案例 7-4：制作震撼音效

STEP 1 将本案例的练习素材导入【项目】面板中，并将其拖曳到【时间轴】面板的轨道上，如图 7-36 所示。此时【监视器】面板中的画面效果如图 7-37 所示。

图 7-36

图 7-37

STEP 2 原本的音乐比较平缓，如果要增强音乐效果就需要为音频添加【吉他套件】效果。在【效果】面板中搜索【吉他套件】效果，并将【吉他套件】效果拖曳到【时间轴】面板的音频素材上，如图 7-38 所示。

STEP 3 在【效果控件】面板中单击【吉他套件】效果下的【编辑】按钮，如图 7-39 所示。此时会弹出【剪辑效果编辑器-吉他套件】对话框，在该对话框的【预设】下拉列表中选择【辐射早餐】选项，如图 7-40 所示。关闭该对话框后播放，即可听到添加效果后的音频声音。

图 7-38

图 7-39

图 7-40

7.3.6 消除齿音效果

消除齿音效果可以消除在前期录制音频时产生的刺耳齿音和一些"呲呲啦啦"的声音。

在【效果】面板中的【音频效果】下找到【消除齿音】效果，如图 7-41 所示。在【效果控件】面板中单击【消除齿音】效果下的【编辑】按钮，如图 7-42 所示。此时会弹出【剪辑效果编辑器-消除齿音】对话框，在此对话框中可进行自定义设置，如图 7-43 所示。

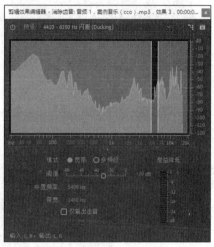

图 7-41　　　　　　　　　　　　图 7-42　　　　　　　　　　　　　图 7-43

7.3.7 消除嗡嗡声效果

消除嗡嗡声效果可以去除音频中的嗡嗡声，如录制时收入的杂音或者电流产生的嗡嗡声等，都可以通过该效果消除掉。

在【效果】面板中的【音频效果】下可以找到【消除嗡嗡声】效果，如图 7-44 所示。在【效果控件】面板中单击【消除嗡嗡声】效果下的【编辑】按钮，如图 7-45 所示。此时会弹出【剪辑效果编辑器-消除嗡嗡声】对话框，在此对话框中可进行自定义设置，如图 7-46 所示。

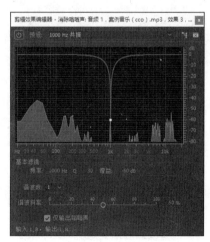

图 7-44　　　　　　　　　　　　图 7-45　　　　　　　　　　　　　图 7-46

课堂案例 7-5：制作电话听筒音效果

STEP 1 将本案例的练习素材导入【项目】面板，并将其拖曳到【时间轴】面板的轨道上，如图 7-47 所示。此时【监视器】面板中的画面效果如图 7-48 所示。

制作电话听筒音效

图 7-47 　　　　　　　　　　　　　　　　　　　图 7-48

STEP 2 在【效果】面板中搜索【多频段压缩器】，并将【多频段压缩器】效果拖曳到【时间轴】面板的音频素材上，如图 7-49 所示。

图 7-49

STEP 3 在【效果控件】面板中单击【多频段压缩器】效果下的【编辑】按钮，如图 7-50 所示。此时会弹出【剪辑效果编辑器-多频段压缩器】对话框，在该对话框的【预设】下拉列表中选择【对讲机】选项，如图 7-51 所示。关闭该对话框后播放，即可听到添加效果后的音频声音。

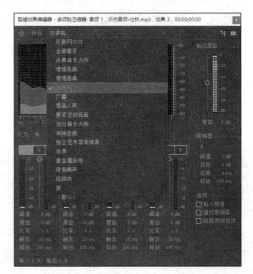

图 7-50 　　　　　　　　　　　　　　　　　　　图 7-51

7.4　本章小结

本章主要讲解了剪辑中的音频效果，介绍了 Premiere 软件中的一些常用音频效果，如音频过渡效果和降噪效果等。除了了解这些基础的效果，读者要重点掌握如何制作音频特效，如水下音效、回音效果、电话听筒音效等。读者学会这些音频特效的制作，可以辅助视频剪辑，赋予画面灵魂。

7.5　拓展知识

使用基本声音模拟电话听筒音效果。

在制作电话听筒音效果时，使用的是【多频段压缩器】效果，其实还有另外的方法。

打开【基本声音】面板，其中有【对话】、【音乐】、【SFX】、【环境】4 个选项，因为处理的音频是人声，属于对话范畴，所以在选中音频后选择【对话】选项，如图 7-52 所示。勾选【EQ】复选框，并将【预设】改为【电话中】即可，如图 7-53 所示。

图 7-52

图 7-53

此时播放音频，就会有电话听筒音的效果了。因为每个人的声线和音色不同，所以还需要微调【数量】参数值，以达到最佳的效果，如图 7-54 所示。

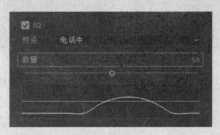
图 7-54

7.6 课后练习：给人声降噪

在实际的剪辑过程中，通常原始录音音频或多或少都会有一些底噪，如图 7-55 所示，这与录音设备和录音环境有很大关系，那么该如何去除这些底噪，保证人声的纯净呢？

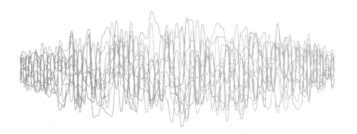

给人声降噪

图 7-55

【关键步骤提示】

（1）添加【降噪】效果。Premiere 的【音频效果】下内置了【降噪】效果，我们只需要将其拖曳到需要降噪的音频上即可。

（2）调整【降噪】参数。因为录制设备、录制环境、音色的不同，所以需要微调参数来达到最佳的效果。主要调整【预设】和【数量】两个参数，如图 7-56 所示。

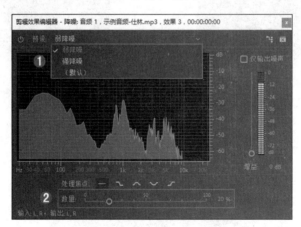

图 7-56

Chapter 8

第8章 常用的视频效果

8.1 认识视频效果

视频效果是 Premiere 中非常强大的一种功能。

通过给视频和图片等素材添加各种效果，制作各种特效和色调，从而呈现出多样的视觉效果。在【效果】面板中包含几十种常用的视频效果，这些效果在短视频、微电影、宣传片和广告设计等方面都会用到。

通过【效果】面板添加效果，并在【效果控件】面板中调整参数，即可制作出很多炫酷的视频效果，如图 8-1 所示。

(a)【效果】面板 　　　　(b)【效果控件】面板

图 8-1

8.2 添加视频效果的 3 种方法

将素材导入【项目】面板，并将其拖曳到【时间轴】面板的 V1 轨道上，如图 8-2 所示。此时【监视器】面板中的画面效果如图 8-3 所示。假设要给该图片添加【高斯模糊】效果，该怎么做呢？

1. 方法一

在【时间轴】面板中单击图片素材将其激活，如图 8-4 所示。在【效果】面板中找到【视频效果】下的【高斯模糊】效果，双击，如图 8-5 所示。此时【效果控件】面板中就已经添加了该效果，如图 8-6 所示。

图 8-2　　　　　　　　　　　　　　　　　图 8-3

图 8-4　　　　　　　　　　　图 8-5　　　　　　　　　　　图 8-6

2. 方法二

在【效果】面板中找到需要添加的【高斯模糊】效果，直接将其拖曳至【时间轴】面板中的图片素材上即可，如图 8-7 所示。此时【效果控件】面板中也会添加该效果。

3. 方法三

在【效果】面板中找到【视频效果】下的【高斯模糊】效果，直接将其拖曳至【效果控件】面板，即可为素材添加该效果，如图 8-8 所示。

图 8-7　　　　　　　　　　　　　　　图 8-8

8.3　变换类视频效果

变换类视频效果可以使素材产生简单的变化。该类视频效果包括【垂直翻转】、【水平翻转】、【羽化边缘】、【自动重构】、【裁剪】，如图 8-9 所示。

变换类视频效果

图 8-9

8.3.1 垂直翻转效果

垂直翻转效果可以使素材产生上下翻转的效果。在【效果】面板中找到【变换】下的【垂直翻转】效果，如图 8-10 所示。应用该效果的前后对比图如图 8-11 和图 8-12 所示。

图 8-10

图 8-11

图 8-12

8.3.2 水平翻转效果

水平翻转效果与垂直翻转效果的作用刚好相反，该效果会使素材产生左右对称翻转的效果。在【效果】面板中找到【变换】下的【水平翻转】效果，如图 8-13 所示。应用该效果的前后对比图如图 8-14 所示。

图 8-13

图 8-14

8.3.3 羽化边缘效果

羽化边缘效果可以让素材边缘产生模糊效果，让边缘的过渡更加柔和，在【效果】面板中找到【变换】下的【羽化边缘】效果，如图 8-15 所示。【羽化边缘】效果在【效果控件】面板中可调整的参数如图 8-16 所示。

图 8-15

图 8-16

素材边缘的羽化程度由【数量】参数控制，图 8-17 所示为设置不同【数量】参数值的对比效果。

图 8-17

8.3.4 裁剪效果

裁剪效果可以调整画面比例和大小。在【效果】
面板中找到【变换】下的【裁剪】效果，如图 8-18
所示。【裁剪】效果在【效果控件】面板中可调整
的参数如图 8-19 所示。

- 【左侧】：用于设置裁剪画面左边的大小。
- 【顶部】：用于设置裁剪画面顶部的大小。
- 【右侧】：用于设置裁剪画面右边的大小。
- 【底部】：用于设置裁剪画面底部的大小。
- 【羽化边缘】：调整裁剪部分的羽化程度。

通过裁剪画面的顶部和底部，就可以模拟出电
影的遮幅效果，如图 8-20 所示。

图 8-18　　　　　图 8-19

图 8-20

课堂案例 8-1：微电影短片开幕效果

微电影短片开幕
效果

STEP 1 将本案例素材导入【项目】面板，并将其拖曳到【时间轴】面板的 V1
轨道上，如图 8-21 所示。此时【监视器】面板中的画面效果如图 8-22 所示。

图 8-21　　　　　　　　　　　图 8-22

STEP 2　在【效果】面板中搜索【裁剪】，找到【视频效果】下的【裁剪】效果，将其拖曳到 V1 轨道的视频素材上，如图 8-23 所示。

图 8-23

STEP 3　将时间指示器置于第一帧的位置，在【效果控件】面板中将【裁剪】效果下的【顶部】和【底部】的参数值设置为 50.0%，并分别单击两个参数前方的【切换动画】按钮，在第一帧的位置添加关键帧，如图 8-24 所示。

此时【监视器】面板中的画面效果如图 8-25 所示。因为画面上下各裁掉了一半，所以现在看起来就是黑色的。

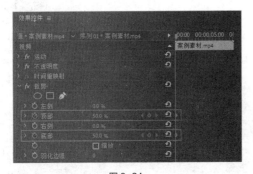

图 8-24

图 8-25

将时间指示器往后移动一段距离，再将【顶部】和【底部】参数值都改为 12.0%，如图 8-26 所示。此时【监视器】面板中的画面效果如图 8-27 所示。

图 8-26

图 8-27

STEP 4　此时播放，可以看到，画面由最初的全黑逐渐显示出部分内容，最终停留在上下各裁剪 12.0% 的位置，给人一种大幕拉开的感觉，如图 8-28 所示。

图 8-28

课堂案例 8-2：折叠空间效果

折叠空间效果

STEP 1 将本案例素材导入【项目】面板，并将其拖曳到【时间轴】面板的轨道上，如图 8-29 所示。此时【监视器】面板中的画面效果如图 8-30 所示。

图 8-29

图 8-30

STEP 2 在【效果】面板中搜索【镜像】，找到【视频效果】下的【镜像】效果，将其拖曳到 V1 轨道的视频素材上，如图 8-31 所示。

STEP 3 在【效果控件】面板中调整【镜像】效果的参数。将【反射中心】改为 1388.0、540.0，将【反射角度】改为 45.0°，如图 8-32 所示。

画面的右下角就已经出现了 90° 的折叠效果，如图 8-33 所示。

图 8-31

图 8-32

图 8-33

STEP 4　再次将【镜像】效果添加给视频素材,并在【效果控件】面板中将第二个【镜像】效果的【反射中心】改为 540.0、540.0,将【反射角度】改为-135.0°,如图 8-34 所示。

画面的左上角出现了第二个空间折叠效果,如图 8-35 所示。

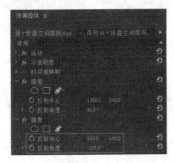

图 8-34

图 8-35

8.4　图像控制类效果

8.4.1　颜色平衡(RGB)效果

颜色平衡(RGB)效果能单独调整画面中红色、绿色、蓝色信息的分布。在【效果】面板中找到【视频效果】下的【颜色平衡(RGB)】效果,如图 8-36 所示。【颜色平衡(RGB)】效果在【效果控件】面板中可调整的参数如图 8-37 所示。

图 8-36

图 8-37

- 【红色】:用于调整画面中红色通道信息的分布数量。
- 【绿色】:用于调整画面中绿色通道信息的分布数量。
- 【蓝色】:用于调整画面中蓝色通道信息的分布数量。

抖音 RGB 颜色
分离效果

课堂案例 8-3:抖音 RGB 颜色分离效果

STEP 1　将本案例素材导入【项目】面板,并将其拖曳到【时间轴】面板的轨道上,如图 8-38 所示。此时【监视器】面板中的画面效果如图 8-39 所示。

STEP 2　在【时间轴】面板中将刚才拖曳过来的视频素材复制到 V2 和 V3 轨道,如图 8-40 所示。接着,再将 V2 和 V3 轨道上的素材分别前进两帧以实现错位,如图 8-41 所示。

STEP 3　在【效果】面板中搜索【颜色平衡(RGB)】,找到【视频效果】下的【颜色平衡(RGB)】效果,将其拖曳到【时间轴】面板 V1、V2 和 V3 轨道中的素材上,如图 8-42 所示。

图 8-38

图 8-39

图 8-40

图 8-41

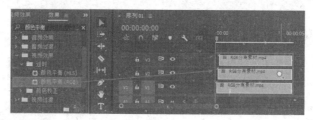

图 8-42

STEP 4 单击 V1 轨道上的素材将其激活，在【效果控件】面板中将【不透明度】效果下的【混合模式】改为【滤色】，将【颜色平衡（RGB）】效果下的【红色】参数值改为 200、【绿色】参数值改为 0、【蓝色】参数值改为 0，如图 8-43 所示。因为只保留了画面中的红色信息，所以现在整个画面如图 8-44 所示。

图 8-43

图 8-44

STEP 5 单击 V2 轨道上的素材将其激活，在【效果控件】面板中将【不透明度】效果下的【混合模式】改为【滤色】，将【颜色平衡（RGB）】效果下的【红色】参数值改为 0、【绿色】参数值改为 200、【蓝色】参数值改为 0，如图 8-45 所示。因为只保留了画面中的绿色信息，所以现在整个画面都是绿色的，如图 8-46 所示。

图 8-45   图 8-46

STEP 6 单击 V3 轨道上的素材将其激活，在【效果控件】面板中将【不透明度】效果下的【混合模式】改为【滤色】，将【颜色平衡（RGB）】效果下的【红色】参数值改为 0、【绿色】参数值改为 0、【蓝色】参数值改为 200，如图 8-47 所示。因为只保留了画面中的蓝色信息，所以现在整个画面如图 8-48 所示。

图 8-47   图 8-48

STEP 7 播放视频，其画面已经具有 RGB 颜色分离的效果了，如图 8-49 所示。

图 8-49

8.4.2 颜色替换效果

颜色替换效果可以将画面中指定的颜色替换成其他颜色。在【效果】面板中找到【视频效果】下的【颜色替换】效果，如图 8-50 所示。【颜色替换】效果在【效果控件】面板中可调整的参数如图 8-51 所示。

图 8-50

图 8-51

- 【相似性】：调整选中的目标颜色与画面中其他颜色的相似性。
- 【目标颜色】：要替换的目标颜色。
- 【替换颜色】：用于替换目标颜色的颜色。

自由改变 T 恤
颜色

课堂案例 8-4：自由改变 T 恤颜色

STEP 1 将本案例素材导入【项目】面板，并将其拖曳到【时间轴】面板的 V1 轨道上，如图 8-52 所示。此时【监视器】面板中的画面效果如图 8-53 所示。

图 8-52

图 8-53

STEP 2 在【效果】面板中搜索【颜色替换】，找到【视频效果】下的【颜色替换】效果，将其拖曳到【时间轴】面板 V1 轨道的素材上，如图 8-54 所示。

STEP 3 在【效果控件】面板中单击【目标颜色】后面的【吸管工具】图标，在【监视器】面板的画面中单击 T 恤，以选取目标颜色，如图 8-55 所示。

图 8-54

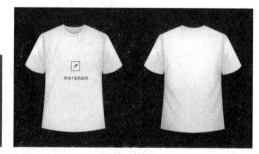

图 8-55

STEP 4 在【效果控件】面板中将【颜色替换】效果下的【相似性】参数值改为 30，如图 8-56 所示。此时【监视器】面板中的画面效果如图 8-57 所示。可以看到，原本白色的 T 恤已经变成了蓝色。

图 8-56

图 8-57

如果要替换不同的颜色，只需单击【替换颜色】后面的色块，如图 8-58 所示。在弹出的【拾色器】对话框中更改颜色即可，如图 8-59 所示。

图 8-58

图 8-59

8.4.3 黑白效果

黑白效果可以将彩色画面变为黑白的。在【效果】面板中找到【视频效果】下的【黑白】效果，如图 8-60 所示。【黑白】效果在【效果控件】面板中可调整的参数如图 8-61 所示。应用该效果的前后对比图如图 8-62 所示。

图 8-60

图 8-61

图 8-62

8.5 扭曲类效果

8.5.1 偏移效果

偏移效果可以让画面沿水平方向或垂直方向移动，在移动的同时画面中的空白部分会自动进行填充。在【效果】面板中找到【视频效果】下的【偏移】效果，如图 8-63 所示。【偏移】效果在【效果控件】面板中可调整的参数如图 8-64 所示。应用该效果的前后对比如图 8-65 所示。

图 8-63

图 8-64

图 8-65

- 【将中心移位至】：用于调整画面偏移后的中心位置。
- 【与原始图像混合】：用于设置调整后的效果与原始画面的混合程度。

8.5.2 变形稳定器效果

变形稳定器效果可以通过软件分析画面，让原本抖动的视频变得相对平稳。在【效果】面板中找到【视频效果】下的【变形稳定器】效果，如图 8-66 所示。【变形稳定器】效果在【效果控件】面板中可调整的参数如图 8-67 所示。

图 8-66

图 8-67

- 【稳定化】：用于设置画面的稳定化方式及程度。
- 【边界】：用于设置将超出序列大小的画面裁掉。
- 【高级】：用于设置画面分析的方式。

课堂案例 8-5：素材变废为宝——修复抖动视频

素材变废为宝-修复抖动视频

STEP 1 将本案例素材导入【项目】面板，并将其拖曳到【时间轴】面板的轨道上，如图 8-68 所示。此时【监视器】面板中的画面效果如图 8-69 所示。

图 8-68

图 8-69

STEP 2 在【效果】面板中搜索【变形稳定器】，将【变形稳定器】效果拖曳到【时间轴】面板 V1 轨道的素材上，如图 8-70 所示。

图 8-70

STEP 3 给素材添加【变形稳定器】效果后，分为两步：第一步，分析画面，如图 8-71 所示；第二步，稳定画面，如图 8-72 所示。

图 8-71

图 8-72

在【变形稳定器】效果下将【稳定化】的【结果】改为【平滑运动】、【方法】改为【子空间变形】，将【边界】的【帧】改为【稳定，裁切，自动缩放】，如图 8-73 所示。

STEP 4 播放视频，可以发现原本抖动的视频已经恢复了正常，变得平稳流畅，如图 8-74 所示。

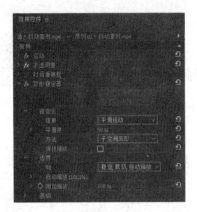

图 8-73

图 8-74

8.5.3 变换效果

变换效果可以对素材的锚点、位置、大小、倾斜角度和快门角度等进行调整。在【效果】面板中找到
【视频效果】下的【变换】效果，如图 8-75 所示。【变换】效果在【效果控件】面板中可调整的参数如
图 8-76 所示。

图 8-75

图 8-76

- 【锚点】：用于调整画面的中心点位置。
- 【位置】：用于调整画面中 x 轴和 y 轴的位置。
- 【缩放高度】：单独调整画面的高度。
- 【缩放宽度】：单独调整画面的宽度。
- 【倾斜】：用于调整该参数可让画面沿 z 轴倾斜。
- 【倾斜轴】：用于调整 z 轴的倾斜方向。
- 【不透明度】：改变素材在画面中的透明程度。
- 【使用合成的快门角度】：勾选该复选框，模拟相机的快门，从而产生运动模糊效果。
- 【快门角度】：用于调整运动的模糊程度。
- 【采样】：用于设置采样捕捉方式。

课堂案例 8-6：画面卡点震动效果

STEP 1 将本案例素材导入【项目】面板中，并将其拖曳到【时间轴】面板的轨道上，如图 8-77 所示，此时【监视器】面板中的画面效果如图 8-78 所示。

画面卡点震动效果

图 8-77

图 8-78

STEP 2 观察【时间轴】面板中的音频素材，可以看到在第 23 帧的时候出现了波峰，说明这里就是音乐的鼓点位置。找到音乐的鼓点后，使用【剃刀工具】在鼓点位置将素材裁开，如图 8-79 所示。

此时需要将时间指示器前进 5 帧。找到【监视器】面板中的【前进一帧】按钮，单击该按钮 5 次即可。此外，也可以按 Shift+→键前进 5 帧。

前进 5 帧之后，再次使用【剃刀工具】将素材裁开，如图 8-80 所示。

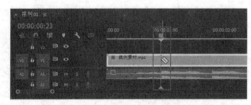

图 8-79

图 8-80

STEP 3 在【效果】面板中搜索【变换】，找到【视频效果】下的【变换】效果，将其拖曳到【时间轴】面板中刚才裁开的那 5 帧素材上，如图 8-81 所示。

图 8-81

将时间指示器置于裁开素材的第一帧位置，如图 8-82 所示。然后在【效果控件】面板中勾选【等比缩放】复选框，再将【缩放】参数值改为 105.0，如图 8-83 所示。

STEP 4 单击【效果控件】面板中【变换】效果下【位置】参数前的【切换动画】按钮，添加关键帧，然后单击【监视器】面板中的【前进一帧】按钮，将【位置】改为 1000.0、515.0，如图 8-84 所示。

再前进 1 帧，将【位置】改为 925.0、576.0，此时会自动生成第 3 个关键帧，如图 8-85 所示。

图 8-82

图 8-83

图 8-84

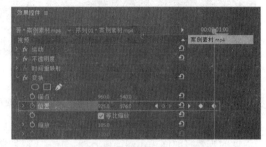

图 8-85

单击【前进一帧】按钮，将【位置】改为 913.0、521.0，此时会自动生成第 4 个关键帧，如图 8-86 所示。

单击【前进一帧】按钮，将【位置】改为 999.0、565.0，此时会自动生成第 5 个关键帧，如图 8-87 所示。

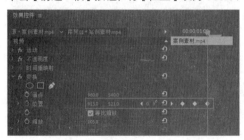

图 8-86

图 8-87

将时间指示器置于裁剪出来的素材的最后 1 帧位置，将【位置】改为 960.0、540.0，如图 8-88 所示。

STEP 5 在【效果控件】面板中，取消【变换】效果下的【使用合成的快门角度】复选框，并将【快门角度】参数值改为 360.00，如图 8-89 所示。

图 8-88

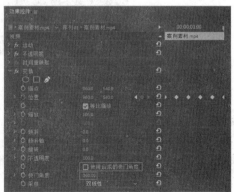

图 8-89

STEP 6 播放视频可以看到在音乐鼓点的位置会产生画面震动的效果，如图 8-90 所示。

图 8-90

8.5.4　波形变形效果

波形变形效果可以让素材产生类似水波纹的效果。在【效果】面板中找到【波形变形】效果，如图 8-91 所示。【波形变形】效果在【效果控件】面板中可调整的参数如图 8-92 所示。应用该效果的前后对比图如图 8-93 所示。

图 8-91

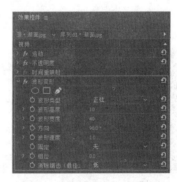

图 8-92

图 8-93

- 【波形类型】：包含【正弦】、【正方形】、【三角形】、【锯齿】、【圆形】、【半圆形】、【逆向圆形】、【杂色】、【平滑杂色】9 种类型，如图 8-94 所示。
- 【波形高度】：用于调整画面中波形的高度，数值越大波形越高。

- 【波形宽度】：用于调整画面中波形的宽度，数值越大波形越宽。
- 【方向】：用于调整画面中波形的旋转方向。
- 【波形速度】：用于调整画面中波形的变化速度。
- 【固定】：用于调整画面目标的固定类型，可选类型如图8-95所示。

图8-94   图8-95

- 【相位】：用于调整画面波形的水平移动位置。
- 【消除锯齿】：可以消除画面边缘的锯齿，主要分为高、中、低3种品质。

8.5.5 湍流置换效果

湍流置换效果能让素材产生类似水波纹的效果。在【效果】面板中找到【湍流置换】效果，如图8-96所示。【湍流置换】效果在【效果控件】面板中可调整的参数如图8-97所示。应用该效果的前后对比图如图8-98所示。

图8-96   图8-97

图8-98

- 【置换】：用于设置置换效果，可选效果如图8-99所示。
- 【数量】：用于调整画面的变形程度，数值越大画面变形程度越大。
- 【大小】：用于调整画面的扭曲程度。

- 【偏移（湍流）】：用于调整画面扭曲的位置。
- 【复杂度】：用于调整画面变形的复杂程度。
- 【演化】：用于调整画面像素的变形程度。
- 【演化选项】：用于设置画面的扭曲方式及抗锯齿效果。

课堂案例 8-7：水波纹转场效果

水波纹转场效果

STEP 1 将本案例素材导入【项目】面板，并将其拖曳到【时间轴】面板的轨道上，如图 8-100 所示。此时【监视器】面板中的画面效果如图 8-101 所示。

图 8-100　　　　　　　　　　　　图 8-101

STEP 2 在【效果】面板中找到【视频过渡】下的【交叉溶解】，将其拖曳到【时间轴】面板 V1 轨道的两段素材的中间位置，如图 8-102 所示。

图 8-102

STEP 3 在【项目】面板中单击【新建项】按钮，在弹出的菜单中选择【调整图层】命令，如图 8-103 所示。将刚才新建的【调整图层】拖曳至【时间轴】面板的 V2 轨道上，如图 8-104 所示。

图 8-103　　　　　　　　　　　图 8-104

STEP 4 将时间指示器放在第一段素材的后 15 帧位置，并使用【剃刀工具】将其裁开，如图 8-105 所示，把前面多余的部分删掉。再将时间指示器移动到第二段素材的前 15 帧位置，使用【剃刀工具】将其裁开，如图 8-106 所示，把后面多余的部分删掉。此时整个【调整图层】的长度为 30 帧。

STEP 5 在【效果】面板中搜索【湍流置换】，找到【视频效果】下的【湍流置换】效果，将其拖曳到【时间轴】面板中的【调整图层】上，如图 8-107 所示。

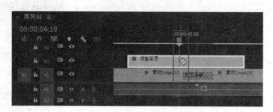

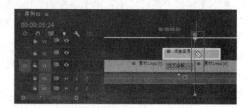

图 8-105   图 8-106

图 8-107

将时间指示器置于【调整图层】的第一帧，如图 8-108 所示。单击【效果控件】面板中【湍流置换】效果【数量】和【演化】参数前的【切换动画】按钮，并将【数量】参数值改为 0.0，如图 8-109 所示。

图 8-108   图 8-109

将时间指示器置于【调整图层】的中间位置，如图 8-110 所示。将【数量】参数值改为 100.0，此时会自动生成第 2 个关键帧，如图 8-111 所示。现在【监视器】面板中的画面效果如图 8-112 所示。

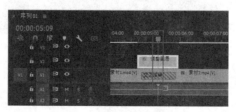

图 8-110

最后，将时间指示器置于【调整图层】的最后一帧，如图 8-113 所示。在【效果控件】面板中将【数量】参数值改为 0.0、【演化】参数值改为 1×0.0°（即 360°），如图 8-114 所示。

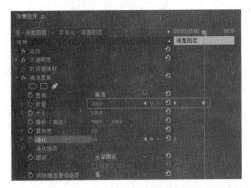

图 8-111

图 8-112

图 8-113

图 8-114

STEP 6 播放视频，可以看到两段素材之间有了类似水波纹的过渡效果，如图 8-115 所示。

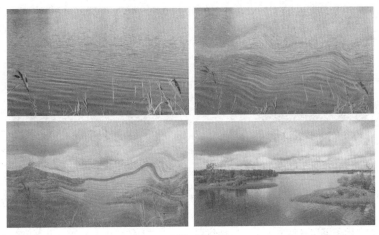

图 8-115

8.5.6 球面化效果

球面化效果可以让素材产生类似放大镜的效果。在【效果】面板中找到【视频效果】下的【球面化】效果，如图 8-116 所示。【球面化】效果在【效果控件】面板中可调整的参数如图 8-117 所示。应用该效果的前后对比图如图 8-118 所示。

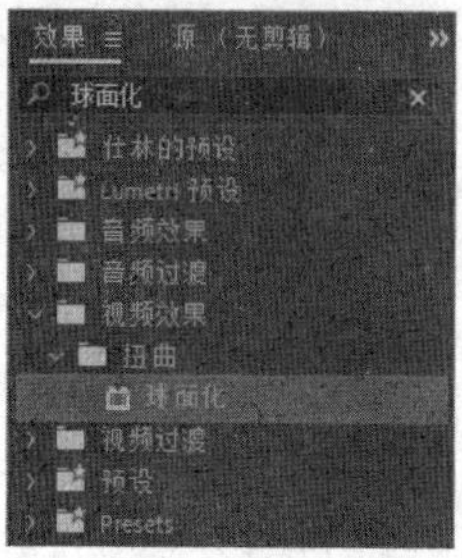

图 8-116

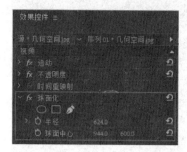

图 8-117

图 8-118

- 【半径】：用于调整球面化效果的影响范围。
- 【球面中心】：用于调整球面化效果的中心位置。

8.5.7 边角定位效果

边角定位效果可以重新单独设置素材 4 个角的位置。在【效果】面板中找到【视频效果】下的【边角定位】效果，如图 8-119 所示。【边角定位】效果在【效果控件】面板中可调整的参数如图 8-120 所示。

图 8-119

图 8-120

- 【左上】：用于调整素材左上角的透视位置。
- 【右上】：用于调整素材右上角的透视位置。
- 【左下】：用于调整素材左下角的透视位置。
- 【右下】：用于调整素材右下角的透视位置。

课堂案例 8-8：替换电脑屏幕为视频

STEP 1 将本案例素材导入【项目】面板中，并将其拖曳到【时间轴】面板的轨道上，如图 8-121 所示。此时【监视器】面板中的画面效果如图 8-122 所示。

替换电脑屏幕为
视频

图 8-121

图 8-122

STEP ↓2 在【效果】面板中搜索【边角定位】，找到【视频效果】下的【边角定位】效果，将其拖曳到【时间轴】面板 V2 的轨道上，如图 8-123 所示。

STEP ↓3 在【效果控件】面板单击【边角定位】效果，如图 8-124 所示。此时【监视器】面板中画面的 4 个角就会出现控制点。现在只需要将左上角的控制点移至笔记本电脑屏幕的左上角，如图 8-125 所示。

图 8-123

图 8-124

图 8-125

接着，将右上角的控制点移至笔记本电脑屏幕的右上角，如图 8-126 所示。

再将左下角的控制点移至笔记本电脑屏幕的左下角，如图 8-127 所示。

最后，将右下角的控制点移至笔记本电脑屏幕的右下角，如图 8-128 所示。

图 8-126

图 8-127

图 8-128

STEP 4 播放视频，可以看到笔记本电脑屏幕里原本的图片就被替换成了视频，如图 8-129 所示。

图 8-129

8.5.8 镜像效果

镜像效果可以制作出对称翻转的效果。在【效果】面板中找到【视频效果】下的【镜像】效果，如图 8-130 所示。【镜像】效果在【效果控件】面板中可调整的参数如图 8-131 所示。

图 8-130   图 8-131

- 【反射中心】：用于调整画面反射中心的位置。
- 【反射角度】：用于调整镜面反射的倾斜角度。

8.5.9 镜头扭曲效果

镜头扭曲效果可以在垂直和水平方向扭曲素材。在【效果】面板中找到【视频效果】下的【镜头扭曲】效果，如图 8-132 所示。【镜头扭曲】效果在【效果控件】面板中可调整的参数如图 8-133 所示。

图 8-132   图 8-133

- 【曲率】：用于调整镜头的弯曲程度。

- 【垂直偏移】：用于调整素材在垂直方向的偏移程度。
- 【水平偏移】：用于调整素材在水平方向的偏移程度。
- 【垂直棱镜效果】：用于调整素材在垂直方向的拉伸程度。
- 【水平棱镜效果】：用于调整素材在水平方向的拉伸程度。
- 【填充颜色】：用于设置素材偏移过渡时空缺位置的颜色。

8.6　课堂练习：毛刺玻璃转场效果

毛刺玻璃转场效果

STEP 1 将本练习的素材导入【项目】面板，并将其拖曳到【时间轴】面板的轨道上，如图 8-134 所示。此时【监视器】面板中的画面效果如图 8-135 所示。

图 8-134

图 8-135

STEP 2 在【项目】面板中单击【新建项】按钮，在弹出的菜单中选择【调整图层】命令，如图 8-136 所示。在【项目】面板中将刚才新建的【调整图层】拖曳至【时间轴】面板的 V2 轨道上，如图 8-137 所示。

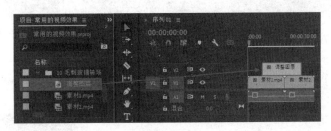

图 8-136

图 8-137

STEP 3 将时间指示器置于第一段素材的后 10 帧位置，使用【剃刀工具】将【调整图层】裁开，如图 8-138 所示，把前面多余的部分删掉。将时间指示器移动到第二段素材的前 10 帧位置将【调整图层】裁开，把后面多余的部分删掉，此时整个【调整图层】的长度为 20 帧，如图 8-139 所示。

图 8-138

图 8-139

STEP 4 在【效果】面板中搜索【湍流置换】，找到【视频效果】下的【湍流置换】效果，将其拖曳到【时间轴】面板 V2 轨道的【调整图层】上，如图 8-140 所示。

STEP 5 将时间指示器移至【调整图层】的中间位置，如图 8-141 所示。在【效果控件】面板中将【湍流置换】效果下的【数量】参数值改为 2000.0，并单击其前面的【切换动画】按钮，添加一个关键帧，将【大小】参数值改为 10.0，如图 8-142 所示。

图 8-140

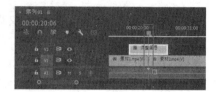

图 8-141

此时【监视器】面板中的画面如图 8-143 所示。

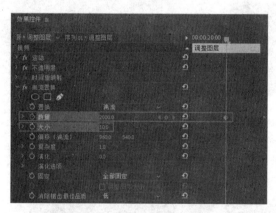

图 8-142

图 8-143

STEP 6 将时间指示器置于【调整图层】的第一帧，如图 8-144 所示。在【效果控件】面板中将【数量】参数值改为 0.0，此时会自动生成一个关键帧，如图 8-145 所示。

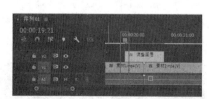

图 8-144

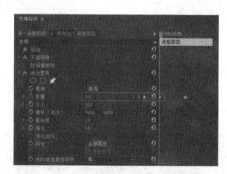

图 8-145

将时间指示器移至【调整图层】的最后一帧，如图 8-146 所示。在【效果控件】面板中将【数量】参数值改为 0.0，此时也会自动生成一个关键帧，如图 8-147 所示。

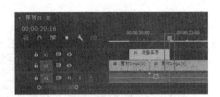

图 8-146

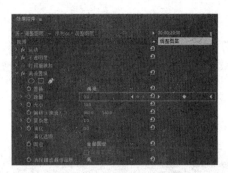

图 8-147

STEP 7 此时播放，两段视频之间就有了毛刺玻璃的过渡效果，如图 8-148 所示。

图 8-148

8.7 本章小结

本章重点介绍了 Premiere【效果】面板中的一些常用效果，如变换类视频效果【裁剪】、【垂直翻转】等，图像控制类视频效果【颜色平衡（RGB）】、【颜色替换】等，扭曲类视频效果【变形稳定器】、【湍流置换】、【边角定位】等。

上述内容都是常用的重点功能，大家熟练掌握后，就可以用这些效果组合制作出不同的视频特效，如 RGB 颜色分离效果、自由改变 T 恤颜色效果、卡点震动效果和水波纹转场效果等。

8.8 拓展知识

在制作微电影短片开幕效果时，还可以为它加上文字，如电影《无名之辈》的片头效果，就使用了上下开幕效果和文字的组合，接下来就来制作这种效果。

STEP 1 导入素材后，在【时间轴】面板中将素材复制一份到 V2 轨道，单击 V2 轨道前方的【切换轨道输出】按钮，暂时隐藏 V2 轨道，如图 8-149 所示。

图 8-149

STEP 2 在【效果】面板中搜索【裁剪】，将【裁剪】效果拖曳到 V1 轨道的素材上，如图 8-150 所示。将时间指示器置于第一帧的位置，在【效果控件】面板中，分别单击【裁剪】效果下【顶部】和【底部】参数前的【切换动画】按钮，添加关键帧，如图 8-151 所示。

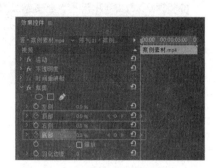

图 8-150 　　　　　　　　　　　　　　　图 8-151

STEP 3 将时间指示器移至第 3 秒的位置，如图 8-152 所示。将【效果控件】面板中的【顶部】参数值改为 42.0%、【底部】参数值改为 20.0%，如图 8-153 所示。

图 8-152 　　　　　　　　　　　　　　　图 8-153

STEP 4 选择【工具】面板中的【文字工具】，在【监视器】面板中单击，新建一个文本框，输入片头文字"秋水共长天一色"及对应中文拼音后，调整文字的位置、大小和间距，如图 8-154 所示。

文字是白色的，而需要的效果是文字要透出底部的视频。

STEP 5 在【效果】面板中搜索【轨道遮罩键】，将【轨道遮罩键】效果拖曳至 V2 轨道的素材上，如图 8-155 所示。

图 8-154 　　　　　　　　　　　　　　　图 8-155

STEP 6 在【效果控件】面板中，将【遮罩】改为【视频 3】，【合成方式】选择为【亮度遮罩】，如图 8-156 所示。单击 V2 轨道前方的【切换轨道输出】按钮，如图 8-157 所示。

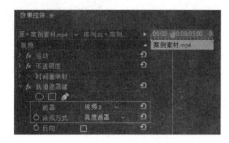

图 8-156

图 8-157

STEP 7 播放视频，【监视器】面板中的画面效果如图 8-158 所示。

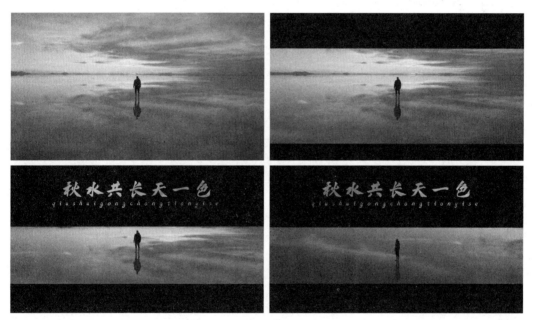

图 8-158

8.9　课后练习：画面颜色分离震动效果

通过本章介绍的常用视频效果，可以制作出很多酷炫的特效，但是读者也要学会举一反三，思考哪些效果可以组合使用，如将【颜色平衡（RGB）】效果和【变换】效果组合起来，就能制作画面颜色分离加震动的效果，如图 8-159 所示。

画面颜色分离
震动效果

图 8-159

【关键步骤提示】

（1）制作颜色分离效果。添加【颜色平衡（RGB）】效果，分别保留红色、绿色、蓝色的颜色信息，再将素材错位即可。

（2）制作画面震动效果。添加【变换】效果，给【位置】添加关键帧动画，并将【变换】效果下的【快门角度】改为 360.00 即可，这样在震动的同时就会有运动模糊效果。

Chapter

9

第 9 章 短视频特效进阶

残影效果

残影效果可以单独控制画面的像素。在【效果】面板中找到【视频效果】下的【残影】效果，如图 9-1 所示。【残影】效果在【效果控件】面板中可调整的参数如图 9-2 所示。应用该效果的前后对比图如图 9-3 所示。

图 9-1

图 9-2

图 9-3

- 【残影时间（秒）】：用于调整画面的曝光程度。
- 【残影数量】：用于调整画面中残影的数量。
- 【起始强度】：用于调整画面的明暗强度。
- 【衰减】：用于调整画面的衰减程度。
- 【残影运算符】：包含【相加】、【最大值】、【最小值】、【滤色】、【从后至前组合】、【从前至后组合】和【混合】7 种。

9.2 中间值效果

中间值效果可以将画面中某一区域的像素替换为该区域相邻的像素。在【效果】面板中找到【视频效果】下的【中间值（旧版）】效果，如图 9-4 所示。【中间值（旧版）】效果在【效果控件】面板中可调整的参数如图 9-5 所示。应用该效果的前后对比图如图 9-6 所示。

图 9-4

图 9-5

图 9-6

- 【半径】：用于调整画面的模糊程度。
- 【在 Alpha 通道上运算】：勾选该复选框，效果会应用到 Alpha 通道上。

9.3 高斯模糊效果

高斯模糊效果可以让原本清晰的画面变得模糊。在【效果】面板中找到视频效果下的【高斯模糊】效果，如图 9-7 所示。【高斯模糊】效果在【效果控件】面板中可调整的参数如图 9-8 所示。应用该效果的前后对比图如图 9-9 所示。

图 9-7

图 9-8

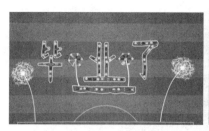

图 9-9

- 【模糊度】：用于调整画面的模糊程度。
- 【模糊尺寸】：用于调整模糊的方向，包含【水平和垂直】、【水平】、【垂直】3 种方式。
- 【重复边缘像素】：勾选该复选框，模糊效果会作用于画面的边缘部分。

课堂案例 9-1：去除水印的 3 种方法

1. 通过缩放画面去除字幕水印

将本案例素材导入【项目】面板，并将其拖曳到【时间轴】面板的 V1 轨道上，如图 9-10 所示。此时【监视器】面板中的画面效果如图 9-11 所示。

去除水印的 3 种方法

图 9-10

图 9-11

假设这是一张电影画面的截图，我们可以看到底部有中英文字幕，那么该如何去除字幕呢？

在【效果控件】面板中，将【运动】效果下的【位置】改为 960.0、608.6，将【缩放】参数值改为 112.5，如图 9-12 所示。此时【监视器】面板中的画面效果，如图 9-13 所示。

图 9-12

图 9-13

可以看到底部的字幕已经消失了，但是这种方法是通过放大画面来实现的，会损失一部分画面。那有没有更好的方法呢？下面将介绍通过添加高斯模糊效果去除水印和通过添加中间值效果去除水印的方法。

2. 添加高斯模糊效果去除水印

在【效果】面板中搜索【高斯模糊】，找到【视频效果】下的【高斯模糊】效果，将其拖曳到 V1 轨道的素材上，如图 9-14 所示。

图 9-14

在【效果控件】面板中，单击【高斯模糊】效果下的【创建 4 点多边形蒙版】图标，在画面中添加一个蒙版，如图 9-15 所示。此时，画面中出现了一个矩形蒙版，如图 9-16 所示。

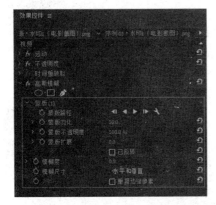

图 9-15

图 9-16

调整蒙版的位置和大小，让蒙版刚好框住底部的字幕，如图 9-17 所示。在【效果控件】面板中将【蒙版羽化】参数值改为 40.0、【模糊度】参数值改为 100.0，并勾选【重复边缘像素】复选框，如图 9-18 所示。

图 9-17

图 9-18

此时【监视器】面板中的画面效果如图 9-19 所示。可以看到底部的文字也消失了，并且使用这种方法去除水印不会损失画面的内容。

3．添加中间值效果去除水印

在【效果】面板中搜索【中间值】，找到【视频效果】下的【中间值（旧版）】效果，将其拖曳到 V1
轨道上的素材上，如图 9-20 所示。

图 9-19　　　　　　　　　　　　　　　　　　　　　图 9-20

在【效果控件】面板中，单击【中间值（旧版）】效果下的【创建 4 点多边形蒙版】图标，在画面中
添加一个矩形蒙版，并调整蒙版的位置和大小，让蒙版刚好框住底部的字幕，如图 9-21 所示。

将【半径】参数值改为 50，如图 9-22 所示。此时【监视器】面板中的画面效果如图 9-23 所示，画
面底部的字幕被完全消除了。

图 9-21　　　　　　　　　　图 9-22　　　　　　　　　　图 9-23

9.4　锐化效果

锐化效果可以提升画面的清晰度。在【效果】面板中找到【视频效果】下的【锐化】效果，如图 9-24
所示。【锐化】效果在【效果控件】面板中可调整的参数如图 9-25 所示。应用该效果的前后对比图如
图 9-26 所示。

图 9-24　　　　　　　　　　　　　　　　　　　　图 9-25

图 9-26

- 【锐化量】：用于调整锐化效果的强弱程度。

9.5 方向模糊效果

方向模糊效果可以快速模糊画面，并且可以单独调整模糊的方向。在【效果】面板中找到【视频效果】下的【方向模糊】效果，如图 9-27 所示。【方向模糊】效果在【效果控件】面板中可调整的参数如图 9-28 所示。

图 9-27　　　　　　　　　　　　　　　　图 9-28

应用该效果的前后对比图如图 9-29 所示。

- 【方向】：用于调整画面中的模糊方向。
- 【模糊长度】：用于调整画面中的模糊长度。

图 9-29

9.6 书写效果

书写效果可以模拟手写文字的效果。在【效果】面板中找到【视频效果】下的【书写】效果，如图 9-30 所示。【书写】效果在【效果控件】面板中可调整的参数如图 9-31 所示。

图 9-30

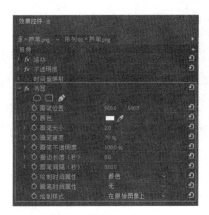

图 9-31

- 【画笔位置】：用于调整画笔所在的位置。
- 【颜色】：用于设置笔刷颜色。
- 【画笔大小】：用于设置笔刷大小和粗细程度。
- 【画笔硬度】：用于设置书写时笔刷的硬度。
- 【画笔不透明度】：用于设置笔刷的透明程度。
- 【描边长度（秒）】：用于设置笔刷在画面停留的时间。
- 【画笔间隔（秒）】：用于调整画笔落笔的间隔时间。
- 【绘制时间属性】：包含【不透明度】和【颜色】两种类型。
- 【画笔时间属性】：包含【大小】、【硬度】和【大小硬度】3 种类型。
- 【绘制样式】：包含【在原始图像上】、【在透明背景上】和【显示原始图像】
  3 种类型。

手写 VLOG 文字
效果

课堂案例 9-2：手写 VLOG 文字效果

STEP 1　将本案例素材导入【项目】面板中，并将其拖曳到【时间轴】面板的 V1 轨道上，如图 9-32 所示。此时【监视器】面板中的画面效果如图 9-33 所示。

图 9-32

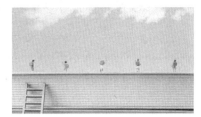

图 9-33

STEP 2　在【工具】面板中选择【文字工具】，在【监视器】面板中单击输入文字"VLOG"，并在【效果控件】面板中修改文字的字体、大小和间距等，如图 9-34 所示。

此时【时间轴】面板的 V2 轨道上就会多一个文字层，如图 9-35 所示。【监视器】面板中的画面效果如图 9-36 所示。

STEP 3　在【时间轴】面板中右击 V2 轨道上的文字层，在弹出的快捷菜单中选择【嵌套】命令，如图 9-37 所示。在弹出的【嵌套序列名称】对话框中，将【名称】改为 Vlog，如图 9-38 所示。此时【时间轴】面板如图 9-39 所示。

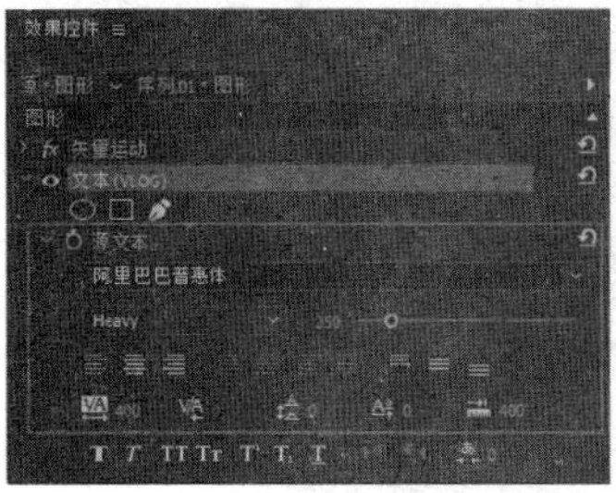

图 9-34

图 9-35

图 9-36

图 9-37

图 9-38

图 9-39

STEP 4 在【效果】面板中搜索【书写】，找到【视频效果】下的【书写】效果，将其拖曳到 V2 轨道的嵌套序列上，如图 9-40 所示。

在【效果控件】面板中将【书写】效果下的【画笔大小】参数值改为 40.0、【画笔间隔（秒）】参数值改为 0.001，如图 9-41 所示。

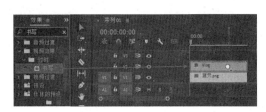

图 9-40

图 9-41

在【效果控件】面板中单击【书写】效果，【监视器】面板的画面中间会出现一个锚点，如图 9-42 所示。按住鼠标左键，将锚点拖曳至文字笔画的第一笔位置，如图 9-43 所示。

图 9-42

图 9-43

STEP 5 将时间指示器置于第一帧的位置，如图 9-44 所示。在【效果控件】面板中单击【画笔位置】参数前的【切换动画】按钮，在第一帧的位置添加一个关键帧，如图 9-45 所示。

图 9-44

图 9-45

单击两次【监视器】面板中的【前进一帧】图标，将时间指示器往前移动两帧之后，沿着文字笔画的顺序移动锚点，如图 9-46 所示。此时会自动生成第二个关键帧，如图 9-47 所示。

图 9-46

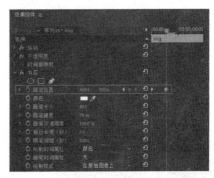

图 9-47

STEP 6 单击两次【监视器】面板中的【前进一帧】图标，将时间指示器往前移动两帧之后，继续沿着文字笔画的顺序移动锚点，如图 9-48 所示。此时会自动生成第 3 个关键帧，如图 9-49 所示。

图 9-48

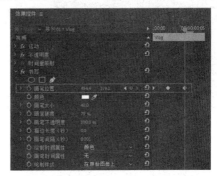

图 9-49

STEP 7 只需要重复以上步骤。每前进两帧就沿着文字笔画的顺序移动锚点，直至覆盖整个文字即可，如图 9-50 所示。

完成后，【监视器】面板中的画面效果如图 9-51 所示。画笔已经沿着文字进行移动了，但是原本的文字和画笔的笔迹是同时出现的，而需要的效果是保留画笔笔迹，那该怎么做呢？

图 9-50

图 9-51

STEP 8 在【效果控件】面板中将【绘制样式】改为【显示原始图像】，如图 9-52 所示。手写 VLOG 文字的动画效果就制作完成了，如图 9-53 所示。

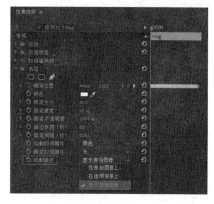

图 9-52

图 9-53

9.7 单元格图案效果

单元格图案效果可以通过参数调整，制作出气泡和网格等不同的纹理效果。在【效果】面板中找到【视频效果】下的【单元格图案】效果，如图 9-54 所示。【单元格图案】效果在【效果控件】面板中可调整的参数如图 9-55 所示。

- 【溢出】：包含【剪切】、【柔和固定】、【反绕】3 种类型。
- 【分散】：用于设置图案纹理在画面中的分布方式。
- 【大小】：用于设置图案纹理的大小。
- 【偏移】：用于调整图案纹理的坐标位置。
- 【平铺选项】：用于调整图案纹理在画面中水平或垂直方向上的分布数量。
- 【演化】：用于设置图案纹理在运动时的角度和颜色分布。
- 【演化选项】：用于设置图案纹理的运动参数和分布变化。
- 【单元格图案】：用于可以设置不同的图案样式，可选样式如图 9-56 所示。

| 图 9-54 | 图 9-55 | 图 9-56 |

- 【反转】：勾选【反转】复选框时，画面的纹理颜色会进行转换。
- 【对比度】：用于调整画面中图案的对比度。图 9-57 所示为设置不同【对比度】参数值的效果。

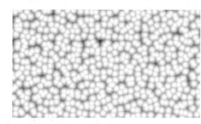

图 9-57

课堂案例 9-3：创意文字出现效果

STEP ➊ 将本案例素材导入【项目】面板，并将其拖曳到【时间轴】面板的 V1
轨道上，如图 9-58 所示。此时【监视器】面板中的画面效果如图 9-59 所示。

创意文字出现效果

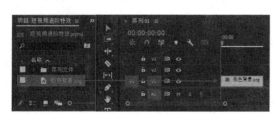

| 图 9-58 | 图 9-59 |

STEP 2 选择【工具】面板中的【文字工具】，在【监视器】面板中输入文字"大学之道，在明明德"，并在【效果控件】面板中调整文字的字体、大小和间距等，如图 9-60 所示。

此时【时间轴】面板的 V2 轨道上就会多一个文字层，如图 9-61 所示。【监视器】面板中的画面效果如图 9-62 所示。

图 9-60   图 9-61

STEP 3 在【效果】面板中搜索【单元格图案】，找到【视频效果】下的【单元格图案】效果，将其拖曳到 V2 轨道的文字层上，如图 9-63 所示。

图 9-62   图 9-63

在【效果控件】面板中展开【单元格图案】下拉列表，可以看到有 12 种不同的样式，如图 9-64 所示。每一种样式对文字的影响都不一样，例如【晶格化】样式让文字呈现出结晶状态，如图 9-65 所示，【枕状】样式让文字有一种裂纹效果，如图 9-66 所示。

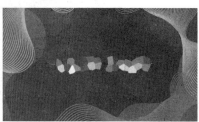

图 9-64   图 9-65   图 9-66

本案例选择【印板】样式，效果如图 9-67 所示。

STEP 4 在【效果】面板中搜索【算术】，找到【视频效果】下的【算术】效果，将其拖曳到 V2 轨道的文字层上，如图 9-68 所示。

在【效果控件】面板中调整【算术】效果的参数。将【红色值】改为 138、【绿色值】改为 47、【蓝色值】改为 79，如图 9-69 所示。文字就有五彩斑斓的效果了，如图 9-70 所示。

图 9-67

图 9-68

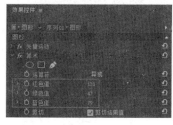

图 9-69

图 9-70

STEP 5 将时间指示器移至第一帧的位置，如图 9-71 所示。在【效果控件】面板中单击【单元格图案】效果下【演化】参数前面的【切换动画】按钮，在第一帧的位置添加一个关键帧，如图 9-72 所示。

图 9-71

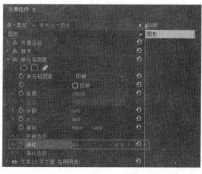

图 9-72

将时间指示器移至文字层最后一帧位置，如图 9-73 所示。在【效果控件】面板中将【演化】参数值改为 180.0°，此时会自动生成第二个关键帧，如图 9-74 所示。

图 9-73

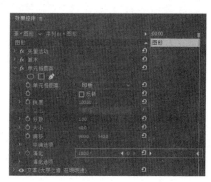

图 9-74

STEP **6** 随着时间的推移，文字上的颜色也在不断地变化，如图 9-75 所示。

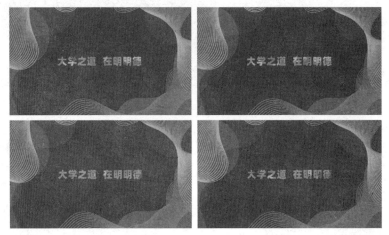

图 9-75

9.8 网格效果

网格效果可以给画面添加矩形网格，在【效果】面板中找到【视频效果】下的【网格】效果，如图 9-76 所示。【网格】效果在【效果控件】面板中可调整的参数如图 9-77 所示。网格效果如图 9-78 所示。

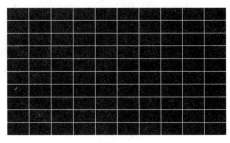

图 9-76　　　　　　　　　　　图 9-77　　　　　　　　　　　图 9-78

- 【锚点】：用于调整水平方向和垂直方向的网格数量。
- 【大小依据】：包含【边角点】、【宽度滑块】、【宽度和高度滑块】3 种类型。
- 【边角】：用于调整网格边角所在的位置。
- 【宽度】：用于调整矩形网格的宽度。
- 【高度】：用于调整矩形网格的高度。
- 【边框】：用于调整网格的粗细。
- 【羽化】：用于调整网格水平方向和垂直方向的模糊程度。
- 【颜色】：用于调整网格的颜色。
- 【不透明度】：用于调整网格在画面中的透明程度。

● 【混合模式】：用于调整网格与素材的混合模式。图 9-79 所示为不同【混合模式】的效果对比。

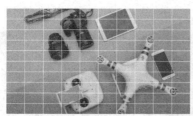

图 9-79

课堂案例 9-4：电影感文字出现效果

电影感文字
出现效果

STEP 1 将本案例素材导入【项目】面板中，并将其拖曳到【时间轴】面板的 V1 轨道上，如图 9-80 所示。此时【监视器】面板中的画面效果如图 9-81 所示。

图 9-80

图 9-81

STEP 2 选择【工具】面板中的【文字工具】，在【监视器】面板中输入文字 "SHILINDESHIPINRIJI"，并在【效果控件】面板中调整文字的字体、大小和间距等，如图 9-82 所示。

此时【时间轴】面板中的 V2 轨道上就会多一个文字层，如图 9-83 所示。【监视器】面板中的画面效果如图 9-84 所示。

图 9-82

图 9-83

STEP 3 单击【项目】面板中的【新建项】按钮，在弹出的菜单中选择【黑场视频】命令，如图 9-85 所示。此时会弹出【新建黑场视频】对话框，单击【确定】按钮，如图 9-86 所示。

图 9-84

图 9-85

图 9-86

在【时间轴】面板中将文字层上移至 V3 轨道，如图 9-87 所示。从【项目】面板中将刚才新建的【黑场视频】拖曳至 V2 轨道上，如图 9-88 所示。

图 9-87

图 9-88

STEP 4 在【效果】面板中搜索【网格】，找到【视频效果】下的【网格】效果，将其拖曳到 V2 轨道的【黑场视频】上，如图 9-89 所示。此时【监视器】面板中的画面效果如图 9-90 所示。

图 9-89

图 9-90

STEP 5 在【效果控件】面板中将【边角】改为 970.0、785.0，如图 9-91 所示。此时【监视器】面板中的画面效果如图 9-92 所示。

图 9-91

图 9-92

STEP 6 在【效果】面板中搜索【轨道遮罩键】，找到【视频效果】下的【轨道遮罩键】效果，将其拖曳到 V2 轨道的【黑场视频】上，如图 9-93 所示。

在【效果控件】面板中将【遮罩】改为【视频 3】，如图 9-94 所示。此时【监视器】面板中的画面效果如图 9-95 所示。

STEP 7 将时间指示器移至第一帧的位置，如图 9-96 所示。在【效果控件】面板中单击【网格】效果下【边框】参数前的【切换动画】按钮，在第一帧的位置添加一个关键帧，并将【边框】参数值改为 0.0，如图 9-97 所示。此时，从【监视器】面板的画面中能够看到刚才新建的文字消失了，如图 9-98 所示。

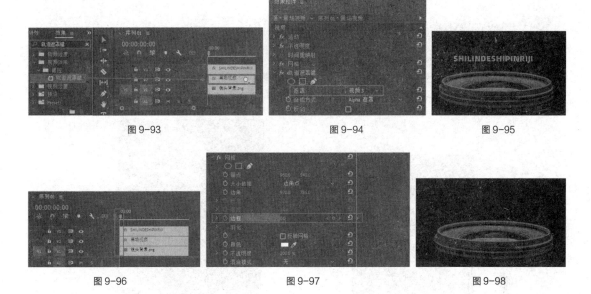

图 9-93　　　　　　　　　　　　图 9-94　　　　　　　　　　　　图 9-95

图 9-96　　　　　　　　　　　　图 9-97　　　　　　　　　　　　图 9-98

STEP 8 将时间指示器放在最后一帧的位置，如图 9-99 所示。在最后一帧的位置将【边框】参数值改为 20.0，如图 9-100 所示。此时，从【监视器】面板的画面中可以看到，文字已经正常显示，如图 9-101 所示。

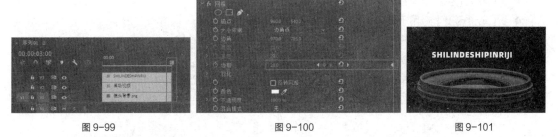

图 9-99　　　　　　　　　　　　图 9-100　　　　　　　　　　　　图 9-101

STEP 9 播放视频，文字具有渐显的效果，如图 9-102 所示。

图 9-102

9.9 时间码效果

时间码是指摄像机在记录视频时的一种格式。在【效果】面板中找到【视频效果】下的【时间码】效果，如图 9-103 所示。【时间码】效果在【效果控件】面板中可调整的参数如图 9-104 所示。

图 9-103   图 9-104

应用该效果的前后对比图如图 9-105 所示。

- 【位置】：用于调整时间码在画面中的位置。
- 【大小】：用于调整时间码在画面中的大小。
- 【不透明度】：用于调整时间码底部色块的不透明度。
- 【场符号】：勾选该复选框，时间码最后会出现一个占位符。
- 【位移】：用于调整时间码中的数字信息。
- 【标签文本】：用于设置时间码的文本格式，共有 10 种格式可选。
- 【源轨道】：用于设置时间码的轨道遮罩情况。

01:00:00:00

图 9-105

课堂案例 9-5：数字增长动画效果

数字增长动画效果

STEP 1 将本案例素材导入【项目】面板，并将其拖曳到【时间轴】面板的 V1 轨道上，如图 9-106 所示。此时【监视器】面板中的画面效果如图 9-107 所示。

STEP 2 在【效果】面板中搜索【时间码】，找到【视频效果】下的【时间码】效果，将其拖曳到 V1 轨道的素材上，如图 9-108 所示。此时【监视器】面板中的画面效果如图 9-109 所示。

STEP 3 在【效果控件】面板中，将【时间码】效果下的【位置】改为 960.0、535.0，将【大小】参数值改为 20.0%，将【不透明度】参数值改为 0.0%，取消【场符号】复选框，将【格式】改为【帧】，将【时间码源】改为【剪辑】，如图 9-110 所示。此时【监视器】面板中的画面效果如图 9-111 所示。

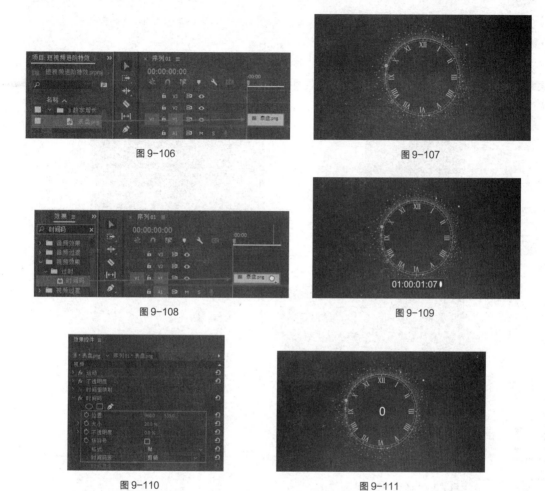

图 9-106

图 9-107

图 9-108

图 9-109

图 9-110

图 9-111

STEP 4 播放视频，可以看到表盘中间的数字有了不断增长的动画，如图 9-112 所示。

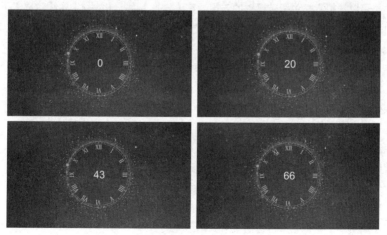

图 9-112

9.10 查找边缘效果

查找边缘效果可以勾勒出画面的边缘线条。在【效果】面板中找到【视频效果】下的【查找边缘】效果，如图 9-113 所示。【查找边缘】效果在【效果控件】面板中可调整的参数如图 9-114 所示。应用该效果的前后对比图如图 9-115 所示。

图 9-113

图 9-114

图 9-115

- 【反转】：勾选该复选框可以反向选择画面的像素。
- 【与原始图像混合】：用于调整该效果与原始画面的混合程度。

9.11 粗糙边缘效果

粗糙边缘效果可以模拟素材边缘被腐蚀的效果。在【效果】面板中找到【视频效果】下的【粗糙边缘】效果，如图 9-116 所示。【粗糙边缘】效果在【效果控件】面板中可调整的参数如图 9-117 所示。应用该效果的前后对比图如图 9-118 所示。

边缘类型包括：粗糙、粗糙色、切割、尖刺、锈蚀、锈蚀色、影印、影印色 8 种类型，如图 9-119 所示。

- 【边缘颜色】：用于调整画面边缘的颜色。
- 【边框】：用于调整腐蚀形状的大小。
- 【边缘锐度】：用于调整画面边缘的清晰度。
- 【不规则影响】：用于调整腐蚀边缘的不规则程度。
- 【比例】：用于调整腐蚀部分在画面中所占的比例。
- 【伸缩宽度或高度】：用于调整腐蚀边缘的宽度或高度。
- 【偏移（湍流）】：用于调整腐蚀效果的偏移程度。

图 9-116

图 9-117

图 9-118

图 9-119

- 【复杂度】：用于调整画面的复杂程度。
- 【演化】：用于调整边缘的粗糙程度。

课堂案例 9-6：文字渐显动画效果

文字渐显动画效果

STEP 1 将本案例素材导入【项目】面板，并将其拖曳到【时间轴】面板的 V1 轨道上，如图 9-120 所示。此时【监视器】面板中的画面效果如图 9-121 所示。

图 9-120

图 9-121

STEP 2 选择【工具】面板中的【文字工具】，在【监视器】面板中输入文字"少年负壮气，奋烈自有时"，并在【效果控件】面板中调整文字的字体、大小、间距等，如图 9-122 所示。

此时【时间轴】面板的 V2 轨道上就会多一个文字层，如图 9-123 所示。【监视器】面板中的画面效果如图 9-124 所示。

STEP 3 在【效果】面板中搜索【粗糙边缘】，找到【视频效果】下的【粗糙边缘】效果，将其拖曳到 V2 轨道的文字层上，如图 9-125 所示。此时【监视器】面板中的画面效果如图 9-126 所示。

图 9-122

图 9-123

图 9-124

图 9-125

图 9-126

STEP 4 将时间指示器置于第一帧的位置，如图 9-127 所示。在【效果控件】面板中，单击【粗糙边缘】效果下【边框】参数前的【切换动画】按钮，在第一帧的位置添加一个关键帧，如图 9-128 所示。

图 9-127

图 9-128

将时间指示器移至文字层最后一帧的位置，如图 9-129 所示。在【效果控件】面板中，将【边框】参数值改为 0.00，此时会自动生成第二个关键帧，如图 9-130 所示。

图 9-129

图 9-130

STEP 5 播放视频，可以看到文字从无到有显示出来，如图 9-131 所示。

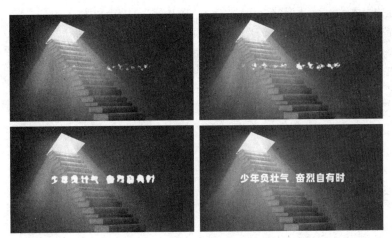

图 9-131

9.12 闪光灯效果

闪光灯效果可以模拟闪光灯的闪烁效果。在【效果】面板中找到【视频效果】下的【闪光灯】效果，如图 9-132 所示。【闪光灯】效果在【效果控件】面板中可调整的参数如图 9-133 所示。应用该效果的前后对比图如图 9-134 所示。

- 【闪光色】：可自定义闪光灯闪烁时的颜色。

图 9-132

图 9-133

图 9-134

- 【与原始图像混合】：用于调整闪光灯效果与原始素材的混合程度。
- 【闪光持续时间（秒）】：用于调整闪光灯的闪烁时长。
- 【闪光周期（秒）】：用于调整闪光灯闪烁的间隔时间。
- 【随机闪光概率】：用于设置随机闪烁的频率。
- 【闪光】：用于设置闪光的方式包含【仅对颜色操作】和【使图层透明】两种方式。
- 【闪光运算符】：可以选择闪光灯的闪烁方式，如图 9-135 所示。
- 【随机植入】：调整画面闪烁时的透明度，数值越大，画面的透明度越高，反之则越低。

图 9-135

9.13　斜面 Alpha 效果

斜面 Alpha 效果可以模拟 3D 立体效果。在【效果】面板中找到【视频效果】下的【斜面 Alpha】效果，如图 9-136 所示。【斜面 Alpha】效果在【效果控件】面板中可调整的参数如图 9-137 所示。应用该效果的前后对比图如图 9-138 所示。

图 9-136

图 9-137

图 9-138

- 【边缘厚度】：用于调整素材边缘的厚度。
- 【光照角度】：用于调整光源照射的方向。
- 【光照颜色】：用于调整光源照射的颜色。
- 【光照强度】：用于调整光源照射在素材上的强度。

课堂案例 9-7：制作 3D 立体文字效果

制作 3D 立体
文字效果

STEP 1 将本案例素材导入【项目】面板，并将其拖曳到【时间轴】面板的 V1 轨道上，如图 9-139 所示。此时【监视器】面板中的画面效果如图 9-140 所示。

STEP 2 选择【工具】面板中的【文字工具】，在【监视器】面板中输入文字"Premiere"，并在【效果控件】面板中调整文字的字体、大小和间距等，如图 9-141 所示。

图 9-139

图 9-140

此时【时间轴】面板的 V2 轨道上就会多一个文字层，如图 9-142 所示。【监视器】面板中的画面效果如图 9-143 所示。

STEP 3 在【效果】面板中搜索【轨道遮罩键】，将【轨道遮罩键】效果拖曳到 V1 轨道的素材上，如图 9-144 所示。

图 9-141

图 9-142

图 9-143

图 9-144

在【效果控件】面板中将【轨道遮罩键】效果的【遮罩】改为【视频 2】，也就是文字层所在的轨道，如图 9-145 所示。此时【监视器】面板中的画面效果如图 9-146 所示。

图 9-145

图 9-146

STEP 4 全选【时间轴】面板中 V1 和 V2 轨道上的素材，单击鼠标右键，如图 9-147 所示，在弹出的快捷菜单中选择【嵌套】命令，如图 9-148 所示。

在弹出的【嵌套序列名称】对话框中，将【名称】改为"文字层"，如图 9-149 所示。此时【时间轴】面板中的画面效果如图 9-150 所示。

图 9-147

图 9-148

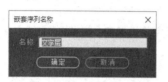

图 9-149

图 9-150

STEP 5 在【效果】面板中搜索【斜面 Alpha】，将【斜面 Alpha】效果拖曳到 V1 轨道上，如图 9-151 所示。

图 9-151

在【效果控件】面板中将【斜面 Alpha】效果下的【边缘厚度】参数值改为 10.00，将【光照强度】参数值改为 1.00，如图 9-152 所示。此时【监视器】面板中的画面效果如图 9-153 所示。

图 9-152

图 9-153

STEP 6 将【时间轴】面板中 V1 轨道上的文字层上移至 V2 轨道，如图 9-154 所示。从【项目】面板中将背景素材拖曳至 V1 轨道，如图 9-155 所示。此时【监视器】面板中的画面效果如图 9-156 所示。

STEP 7 在【效果】面板中搜索【纹理】，将【纹理】效果拖曳到 V2 轨道上，如图 9-157 所示。

在【效果控件】面板中将【纹理图层】改为【视频 2】，将【纹理对比度】参数值改为 2.0，如图 9-158 所示。

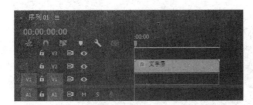

图 9-154

图 9-155

图 9-156

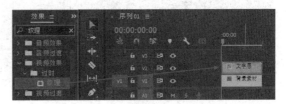

图 9-157

文字就由平面效果变成了 3D 立体效果，如图 9-159 所示。

图 9-158

图 9-159

9.14　本章小结

本章介绍了【视频效果】下的一些高级特效，如【残影】、【书写】、【粗糙边缘】、【斜面 Alpha】等。

在熟悉这些效果后，读者可以将不同的效果组合起来，从而制作不同的特效。例如，本章的"制作 3D 立体文字效果"案例，就用到了【轨道遮罩键】、【斜面 Alpha】、【纹理】3 个效果的组合。

9.15　拓展知识

在制作数字增长动画时，我们使用了【时间码】效果。利用该效果还可以制作出数字倒计时动画。

 在【项目】面板中单击【新建项】按钮，在弹出的菜单中选择【透明视频】命令，如图 9-160 所示。在弹出的【新建透明视频】对话框中，单击【确定】按钮，如图 9-161 所示。

STEP 2 在【项目】面板中将刚才新建的【透明视频】拖拽至 V1 轨道上，如图 9-162 所示。在【效果】面板中搜索【时间码】，将【时间码】效果拖拽至 V1 轨道的【透明视频】上，如图 9-163 所示。此时【监视器】面板画面，如图 9-164 所示。

图 9-160　　　　　　　　　　　　　图 9-161

图 9-162　　　　　　　　　　　　　图 9-163

图 9-164

STEP☜3 在【效果控件】面板中，将【时间码】效果下的【位置】改为 960.0、520.0，勾选【场符号】复选框，将【时间码源】改为【生成】，如图 9-165 所示。此时，【监视器】面板中的画面如图 9-166 所示。

图 9-165　　　　　　　　　　　　　图 9-166

STEP☜4 选中【时间轴】面板上的透明视频，单击鼠标右键，在弹出的快捷菜单中选择【嵌套】命令，如图 9-167 所示。在弹出的对话框将【名称】改为"倒计时效果"，如图 9-168 所示。

图 9-167　　　　　　　　　　　　　图 9-168

STEP 5 在【效果】面板中搜索【裁剪】，将【载剪】效果拖曳至嵌套序列上，如图 9-169 所示。在【效果控件】面板中，将【运动】效果的【位置】改为 670.0、540.0，将【载剪】效果的【左侧】参数值改为 51.0%，如图 9-170 所示。此时，【监视器】面板中的画面效果如图 9-171 所示。

图 9-169　　　　　　　　　　图 9-170　　　　　　　　　图 9-171

STEP 6 选中【时间轴】面板中的嵌套序列，单击鼠标右键，在弹出的快捷菜单中选择【速度/持续时间】命令，如图 9-172 所示。在弹出的对话框中，勾选【倒放速度】复选框，如 9-173 所示。

图 9-172　　　　　　　　　　　　图 9-173

STEP 7 播放视频，效果如图 9-174 所示。

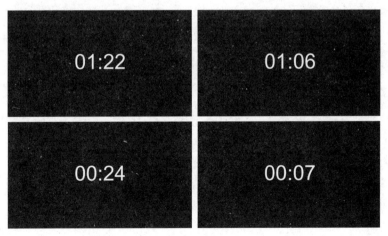

图 9-174

9.16 课后练习：制作无缝转场效果

请制作一个旅拍视频中常见的无缝转场效果，如图 9-175 所示。该效果需要用到【偏移】和【高斯模糊】视频效果的组合。

制作无缝转场
效果

图 9-175

🔍 【关键步骤提示】

（1）添加【偏移】效果。通过【偏移】效果让画面从左往右移动，并自动填充空缺的画面。

（2）添加【高斯模糊】效果。通过【高斯模糊】效果制作转场时产生的运动模糊。

Chapter

10

第 10 章　短视频特效综合案例

10.1 初级综合案例：水面文字倒影特效

10.1.1 新建文字

STEP 1 将本案例素材导入【项目】面板中，并将其拖曳到【时间轴】面板的 V1
轨道上，如图 10-1 所示。此时【监视器】面板中的画面效果如图 10-2 所示。

水面文字倒影特效

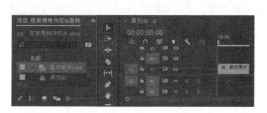

图 10-1

图 10-2

STEP 2 选择【工具】面板中的【文字工具】，在【监视器】面板中单击输入文字"海上生明月"，
并在【效果控件】面板中修改文字的字体、大小和间距，如图 10-3 所示。此时【时间轴】面板的 V2 轨道
上就会多一个文字层，如图 10-4 所示。【监视器】面板中的画面效果如图 10-5 所示。

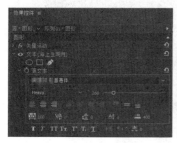

图 10-3

图 10-4

图 10-5

10.1.2 制作文字倒影

STEP 1 在【效果】面板中搜索【湍流置换】，找到【视频效果】下的【湍流置换】效果，将其
拖曳到 V2 轨道的文字层上，如图 10-6 所示。此时文字已经有了一点扭曲的效果，如图 10-7 所示。

图 10-6

图 10-7

STEP ◢2 将时间指示器置于第一帧的位置，如图 10-8 所示。在【效果控件】面板中将【置换】改为【水平置换】，将【复杂度】参数值改为 10，并单击【演化】参数前的【切换动画】按钮，在第一帧的位置添加一个关键帧，如图 10-9 所示。此时【监视器】面板中的画面效果如图 10-10 所示。

图 10-8   图 10-9   图 10-10

将时间指示器移至最后一帧的位置，如图 10-11 所示。在【效果控件】面板中将【演化】参数值改为 1080，此时会自动生成第二个关键帧，如图 10-12 所示。此时水面上的文字就有随波游动的动画效果了，如图 10-13 所示。

图 10-11   图 10-12

图 10-13

图 10-13（续）

现在的效果是整个文字都动起来了，但是需要的效果是只让文字的水下部分有动画，那该怎么做呢？

10.1.3 控制文字波纹倒影

在【效果控件】面板中单击【湍流置换】效果下的【创建 4 点多边形蒙版】图标，在画面中创建一个矩形蒙版，如图 10-14 所示。此时【监视器】面板中的画面效果如图 10-15 所示。

在【监视器】面板中调整蒙版的大小和形状，让蒙版刚好盖住文字的水下部分，也就是只让【湍流置换】效果作用于文字的水下部分，如图 10-16 所示。

图 10-14　　　　　　　　　　图 10-15　　　　　　　　　　图 10-16

10.1.4 模拟真实的水下质感

STEP 1 为了让文字在水下的效果更加真实，在【效果控件】面板中展开【混合模式】下拉列表，选择【柔光】选项，如图 10-17、图 10-18 所示。此时【监视器】面板中的画面效果如图 10-19 所示。

图 10-17　　　　　　　　　　图 10-18　　　　　　　　　　图 10-19

STEP 2 在【时间轴】面板中选中 V2 轨道上的文字层，同时按住 Alt 键将其往上拖曳，将文字层复制一层到 V3 轨道上，如图 10-20 所示。单击【时间轴】面板中 V3 轨道上的文字层，在【效果控件】面板中将【混合模式】改回【正常】，如图 10-21 所示。

【监视器】面板中的画面效果如图 10-22 所示。

图 10-20 图 10-21 图 10-22

10.1.5 分离水面上下的文字

在【效果】面板中搜索【裁剪】，找到【视频效果】下的【裁剪】效果，将其拖曳到 V3 轨道的文字层上，如图 10-23 所示。

在【效果控件】面板中，将【裁剪】效果的【底部】参数值改为 29.0%、【羽化边缘】参数值改为 20，如图 10-24 所示。此时【监视器】面板中的画面效果如图 10-25 所示。

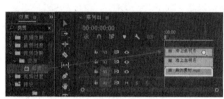

图 10-23 图 10-24 图 10-25

10.1.6 制作文字光照的立体感

在【效果】面板中搜索【斜面 Alpha】，找到【视频效果】下的【斜面 Alpha】效果，将其拖曳到 V3 轨道的文字层上，如图 10-26 所示。在【效果控件】面板中将【斜面 Alpha】效果的【边缘厚度】参数值改为 5.00、【光照强度】参数值改为 1.00，如图 10-27 所示。此时【监视器】面板中的画面效果如图 10-28 所示。

图 10-26 图 10-27 图 10-28

具有水面倒影的文字特效就制作完成了，如图 10-29 所示。

图 10-29

图 10-29（续）

10.2　进阶综合案例：放大旋转扭曲转场特效

10.2.1　导入素材

STEP⤵1　将本案例素材导入【项目】面板，并将其拖曳到【时间轴】面板的 V1 轨道上，如图 10-30 所示。两段素材在【监视器】面板中的画面效果如图 10-31 所示。

放大旋转
扭曲转场特效

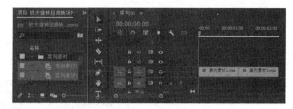

图 10-30

图 10-31

STEP⤵2　在【项目】面板中单击【新建项目】按钮，在弹出的菜单中选择【调整图层】命令，如图 10-32 所示。在弹出的【调整图层】对话框中单击【确定】按钮，如图 10-33 所示。

STEP⤵3　从【项目】面板中将【调整图层】拖曳至【时间轴】面板的 V2 轨道上，如图 10-34 所示。

图 10-32　　　　　图 10-33　　　　　　　　　　　　　图 10-34

使用【剃刀工具】将【调整图层】在两段素材的中间位置裁开，保留第一段素材的后 10 帧对应的【调整图层】，如图 10-35 所示，以及第二段素材的前 10 帧对应的【调整图层】，如图 10-36 所示。

图 10-35

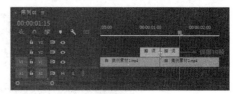

图 10-36

10.2.2 制作镜头缩放动画

在【效果】面板中搜索【变换】，并将【变换】效果拖曳到 V2 轨道的【调整图层】上，如图 10-37 所示。

图 10-37

将时间指示器置于【调整图层】第一帧的位置，如图 10-38 所示。在【效果控件】面板中勾选【等比缩放】复选框，并单击【缩放】前面的【切换动画】按钮，添加一个关键帧，如图 10-39 所示。

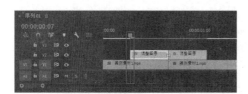

图 10-38

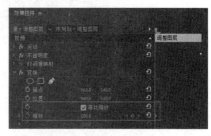

图 10-39

将时间指示器后移至【调整图层】的最后一帧。在【效果控件】面板中，将【缩放】参数值改为 180.0，取消【使用合成的快门角度】复选框，将【快门角度】参数值改为 360.00，如图 10-40 所示。

设置完成后，在画面放大的同时会有运动模糊的效果，如图 10-41 所示。

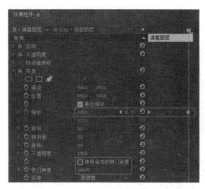

图 10-40

图 10-41

10.2.3 调整变换效果的速率曲线

STEP 1 全选两个关键帧后单击鼠标右键,如图 10-42 所示,在弹出的快捷菜单中选择【自动贝塞尔曲线】命令,如图 10-43 所示。设置完成后,关键帧如图 10-44 所示。

图 10-42   图 10-43   图 10-44

STEP 2 单击【缩放】参数前面的小三角按钮,并调整第二个关键帧的速率曲线,如图 10-45 所示。单击第一个关键帧,调整它的速率曲线,如图 10-46 所示。

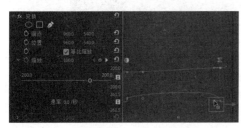
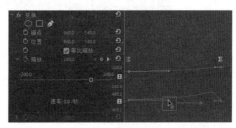

图 10-45   图 10-46

STEP 3 将时间指示器置于第二段【调整图层】的第一帧,如图 10-47 所示。

在【效果控件】面板中勾选【等比缩放】复选框,并单击【缩放】参数前的【切换动画】按钮,添加一个关键帧,将【缩放】参数值改为 180.0,如图 10-48 所示。此时【监视器】面板中的画面效果如图 10-49 所示。

图 10-47   图 10-48

STEP 4 将时间指示器后移至【调整图层】的最后一帧,在【效果控件】面板中将【缩放】参数值改为 100.0,取消【使用合成的快门角度】复选框,将【快门角度】参数值改为 360.00,如图 10-50 所示。

图 10-49

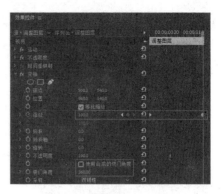

图 10-50

设置完成后，在画面缩小的同时会有运动模糊的效果，如图 10-51 所示。

图 10-51

STEP 5 全选两个关键帧后单击鼠标右键，如图 10-52 所示，在弹出的快捷菜单中选择【自动贝塞尔曲线】命令，如图 10-53 所示。设置完成后，关键帧如图 10-54 所示。

图 10-52   图 10-53   图 10-54

STEP 6 单击【缩放】参数前的小三角按钮，调整第一个关键帧的速率曲线，如图 10-55 所示，单击第二个关键帧，调整它的速率曲线，如图 10-56 所示。

图 10-55   图 10-56

现在两段素材之间的缩放转场效果已经完成，如图 10-57 所示。

图 10-57

10.2.4　制作镜头旋转动画

STEP 1　在【效果】面板中搜索【旋转扭曲】，找到【视频效果】下的【旋转扭曲】效果，将其拖曳到 V2 轨道的【调整图层】上，如图 10-58 所示。在【效果控件】面板中，将【旋转扭曲】效果移至【变换】效果的上方，如图 10-59 所示。

图 10-58

图 10-59

STEP 2　将时间指示器置于【调整图层】第一帧的位置，单击【角度】参数前的【切换动画】按钮，添加一个关键帧，如图 10-60 所示。将时间指示器移至第一个【调整图层】的最后一帧，将【角度】参数值改为 90.0°，此时会自动生成第二个关键帧，如图 10-61 所示。

图 10-60

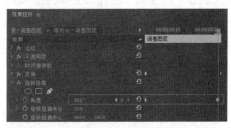

图 10-61

此时【监视器】面板中的画面效果如图 10-62 所示。

STEP 3　将时间指示器移至第二个【调整图层】的第一帧，如图 10-63 所示。在【效果控件】面板中单击【角度】参数前的【切换动画】按钮，添加一个关键帧，并将【角度】参数值改为 -90.0°，如图 10-64 所示。将时间指示器移至【调整图层】的最后一帧，将【角度】参数值改为 0.0°，此时会自动生成第二个关键帧，如图 10-65 所示。

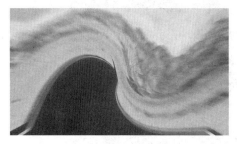

图 10-62

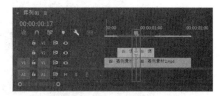

图 10-63

图 10-64

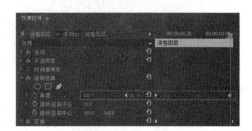

图 10-65

此时【监视器】面板中的画面效果如图 10-66 所示。

图 10-66

10.2.5 调整旋转扭曲效果的速率曲线

STEP 1 在【时间轴】面板中单击第一个【调整图层】，将其激活，如图 10-67 所示。全选两个关键帧后单击鼠标右键，如图 10-68 所示，在弹出的快捷菜单中选择【自动贝塞尔曲线】命令，如图 10-69 所示。设置完成后，关键帧如图 10-70 所示。

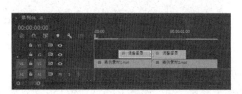

图 10-67

图 10-68

图 10-69　　　　　　　　　　　　　　图 10-70

STEP 2　单击【角度】参数前的小三角按钮，调整第二个关键帧的速率曲线，如图 10-71 所示，单击第一个关键帧，调整其速率曲线，如图 10-72 所示。

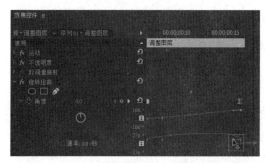

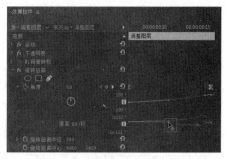

图 10-71　　　　　　　　　　　　　　图 10-72

STEP 3　在【时间轴】面板中单击第二个【调整图层】，将其激活，如图 10-73 所示。全选两个关键帧后单击鼠标右键，如图 10-74 所示，在弹出的快捷菜单中选择【自动贝塞尔曲线】命令，如图 10-75 所示。设置完成后，关键帧如图 10-76 所示。

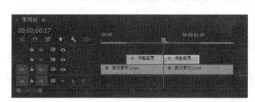

图 10-73　　　　　　　　　　　　　　图 10-74

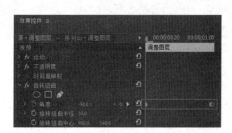

图 10-75　　　　　　　　　　　　　　图 10-76

STEP 4 单击【角度】参数前的小三角按钮，调整第一个关键帧的速率曲线，如图 10-77 所示，单击第二个关键帧，调整其速率曲线，如图 10-78 所示。

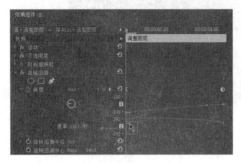
图 10-77

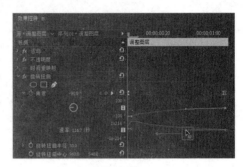
图 10-78

这样两段素材在缩放的同时，也具有了旋转的效果，如图 10-79 所示。

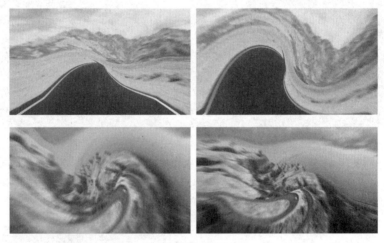
图 10-79

10.2.6 制作镜头扭曲动画

STEP 1 从【项目】面板中将【调整图层】拖曳至 V3 轨道上，如图 10-80 所示。使用【剃刀工具】将调整图层沿两段素材中间位置裁开，如图 10-81 所示。

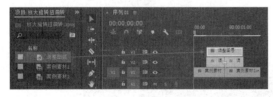
图 10-80

图 10-81

将【镜头扭曲】效果拖曳到【时间轴】面板 V3 轨道的【调整图层】上，如图 10-82 所示。

STEP 2 将时间指示器置于 V3 轨道上第一个【调整图层】的第一帧位置，如图 10-83 所示。单击【镜头扭曲】效果下【曲率】参数前的【切换动画】按钮，添加一个关键帧，如图 10-84 所示。将时间指示器移至第一个【调整图层】的最后一帧，将【曲率】参数值改为-90，此时会自动生成第二个关键帧，如图 10-85 所示。

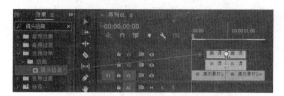

图 10-82

图 10-83

图 10-84

图 10-85

此时【监视器】面板中的画面效果如图 10-86 所示。

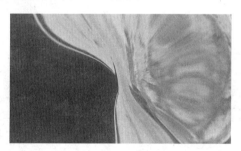

图 10-86

STEP 3　将时间指示器移至 V3 轨道第二个【调整图层】的第一帧位置，如图 10-87 所示。在【效果控件】面板中单击【曲率】参数前的【切换动画】按钮，添加一个关键帧，将【曲率】参数值改为-90，如图 10-88 所示。将时间指示器移至【调整图层】的最后一帧，将【曲率】参数值改为 0，此时会自动生成第二个关键帧，如图 10-89 所示。此时【监视器】面板中的画面效果如图 10-90 所示。

图 10-87

图 10-88

图 10-89   图 10-90

10.2.7 调整镜头扭曲效果的速率曲线

STEP 1 在【时间轴】面板中单击 V3 轨道上的第一个【调整图层】，将其激活，如图 10-91 所示。在【效果控件】面板中调整【曲率】的速率曲线，如图 10-92 所示。

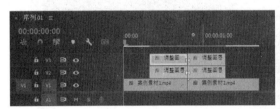

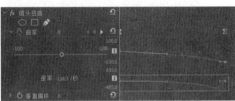

图 10-91   图 10-92

在【时间轴】面板中单击 V3 轨道上的第二个【调整图层】，将其激活，如图 10-93 所示。在【效果控件】面板中调整【曲率】的速率曲线，如图 10-94 所示。

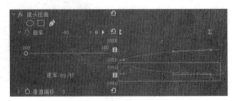

图 10-93   图 10-94

STEP 2 播放视频，两段素材之间就具有了放大、旋转、扭曲的转场效果，如图 10-95 所示。

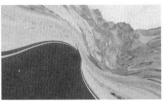

图 10-95

10.3　高阶综合案例：文字冲击粉碎特效

10.3.1　新建文字并嵌套

STEP 1 在【工具】面板中选择【文字工具】，在【监视器】面板中输入文字"剪辑"，如图 10-96 所示。在【效果控件】面板中修改文字的字体、大小和间距等，如图 10-97 所示。此时【时间轴】面板的 V1 轨道上就会多一个文字层。

【监视器】面板中的画面效果如图 10-98 所示。

文字冲击粉碎特效

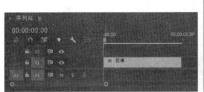

　　　　图 10-96　　　　　　　　　　图 10-97　　　　　　　　　　图 10-98

STEP 2 在【时间轴】面板中，用鼠标右键单击 V1 轨道上的文字层，如图 10-99 所示。在弹出的快捷菜单中选择【嵌套】命令，如图 10-100 所示。在弹出的【嵌套序列名称】对话框中将【名称】改为"文字层"，如图 10-101 所示。此时【时间轴】面板中的效果如图 10-102 所示。

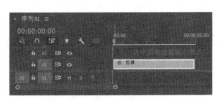

　　　　　图 10-99　　　　　　　　　　　　　　　图 10-100

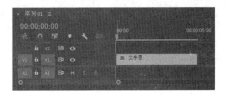

　　　　图 10-101　　　　　　　　　　　　图 10-102

10.3.2　制作文字粉碎特效

STEP 1 在【效果】面板中搜索【波形变形】，找到【视频效果】下的【波形变形】效果，将其拖曳到 V1 轨道的文字层上，如图 10-103 所示。此时【监视器】面板中的画面效果如图 10-104 所示。可以看到，文字已经有了一点扭曲的效果。

图 10-103 图 10-104

STEP 2 在【效果控件】面板中调整【波形变形】参数设置。

将【波形类型】改为【正方形】、【波形高度】参数值改为 170、【波形宽度】参数值改为 20、【方向】参数值改为 0.0°、【波形速度】参数值改为 0.0、【固定】改为【左边】，如图 10-105 所示。此时【监视器】面板中的画面效果如图 10-106 所示。

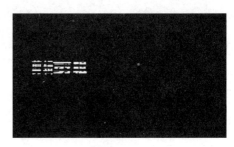

图 10-105 图 10-106

STEP 3 在【效果控件】面板中将刚才添加的【波形变形】效果复制两份，如图 10-107 所示。

展开第二个【波形变形】效果，将【波形类型】改为【杂色】、【波形高度】参数值改为 170、【波形宽度】参数值改为 20、【方向】参数值改为 90.0°、【波形速度】参数值改为 0.0、【固定】改为【左边】，如图 10-108 所示。此时【监视器】面板中的画面效果如图 10-109 所示。

图 10-107 图 10-108 图 10-109

STEP 4 将第三个【波形变形】效果展开，将【波形类型】改为【杂色】、【波形高度】参数值改为 170、【波形宽度】参数值改为 20、【方向】参数值改为 10.0°、【波形速度】参数值改为 0.0、【固定】改为【左边】，如图 10-110 所示。

文字现在已经打散变成了粉末状，如图 10-111 所示。

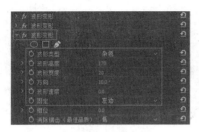

图 10-110   图 10-111

STEP 5 在【时间轴】面板中，选中 V1 轨道上的文字层，按住 Alt 键将其向上拖曳，分别复制到 V2 和 V3 轨道，如图 10-112 所示。此时【监视器】面板中的画面效果如图 10-113 所示。

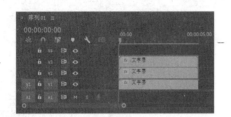

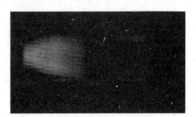

图 10-112   图 10-113

STEP 6 在【时间轴】面板中选中 V2 轨道上的文字层，如图 10-114 所示。在【效果控件】面板中展开第三个【波形变形】效果，并将其【方向】参数值改为 0.0°，如图 10-115 所示。

在【时间轴】面板中选中 V3 轨道上的文字层，如图 10-116 所示。在【效果控件】面板中展开第三个【波形变形】效果，并将其【方向】参数值改为-10.0°，如图 10-117 所示。此时【监视器】面板中的画面效果如图 10-118 所示。

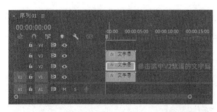

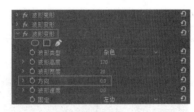

图 10-114   图 10-115

图 10-116   图 10-117

STEP 7 将时间指示器移至 1 分 20 秒的位置，并选中 V1 轨道上的文字层，如图 10-119 所示。在【效果控件】面板中展开 3 个【波形变形】效果，并分别单击【波形高度】参数前的【切换动画】按钮，如图 10-120 所示。

将时间指示器移至第一帧的位置，将【波形高度】参数值都改为 0，此时会自动生成第二列关键帧，如图 10-121 所示。

图 10-118

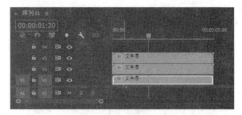

图 10-119

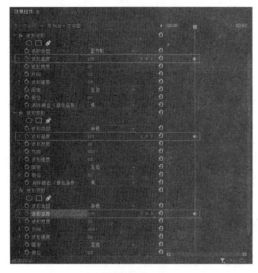

图 10-120

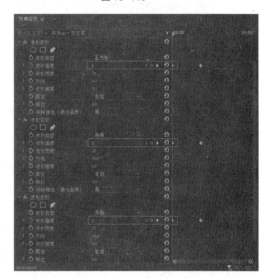

图 10-121

10.3.3 调整运动速率曲线

STEP 11 全选这些关键帧，单击鼠标右键，如图 10-122 所示，在弹出的快捷菜单中选择【贝塞尔曲线】命令，如图 10-123 所示。此时的关键帧如图 10-124 所示。

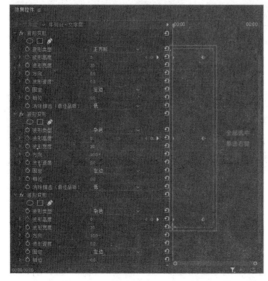

图 10-122

图 10-123

STEP 2 将 3 个【波形高度】的速率曲线调整成"先陡后缓"的形状，如图 10-125 所示。

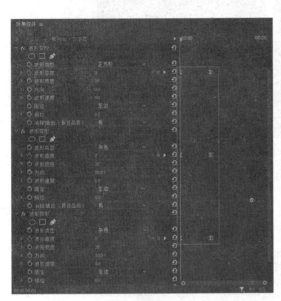

图 10-124　　　　　　　　　　　　　图 10-125

播放该段动画，产生的效果是"先快后慢"，如图 10-126 所示。

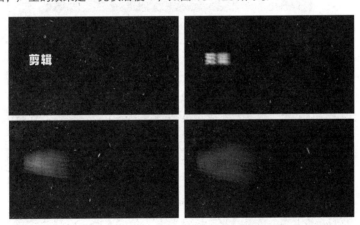

图 10-126

接下来只需要重复上述步骤。

STEP 3 同时选中【时间轴】面板中 V2 和 V3 轨道上的嵌套序列，如图 10-127 所示。在【效果控件】面板中给【波形高度】制作关键帧动画，将【波形高度】的速率曲线调整为"先陡后缓"的形状。

调整后播放画面，如图 10-128 所示。

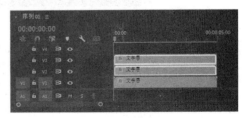

图 10-127

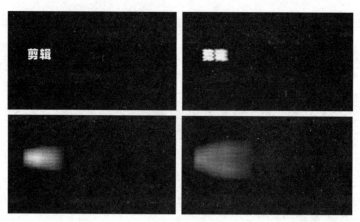

图 10-128

10.3.4　融合文字粉碎画面

STEP 1 将本案例素材导入【项目】面板，并将其拖曳到 V4 轨道，如图 10-129 所示。此时播放，效果如图 10-130 所示。

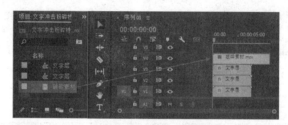

图 10-129

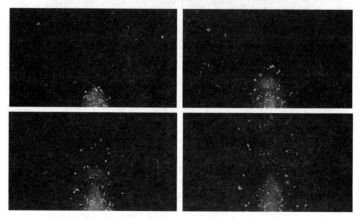

图 10-130

STEP 2 在【效果控件】面板中，将【运动】效果下的【位置】改为 1000.0、430.0，将【旋转】参数值改为 90.0°，如图 10-131 所示。此时【监视器】面板中的画面效果如图 10-132 所示。

STEP 3 在【效果】面板中搜索【羽化边缘】，找到【视频效果】下的【羽化边缘】效果，将其拖曳到 V4 轨道的破碎素材上，如图 10-133 所示。在【效果控件】面板中将【羽化边缘】效果的【数量】参数值改为 40，如图 10-134 所示。

图 10-131

图 10-132

图 10-133

图 10-134

此时【监视器】面板中的画面效果如图 10-135 所示。

图 10-135

10.3.5　制作时间重映射效果

STEP 1 将鼠标指针置于 V4 轨道的上方，同时按住鼠标左键往上拖曳，如图 10-136 所示，将 V4 轨道单独放大，如图 10-137 所示。

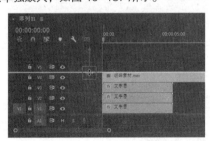

图 10-136

图 10-137

STEP 2 单击 V4 轨道中素材左上角的按钮 ，选择【时间重映射>速度】命令，如图 10-138 所示。将时间指示器移至第 1 秒的位置，单击 V4 轨道上的【添加/移除关键帧】按钮，在第 1 秒的位置给素材添加一个关键帧，如图 10-139 所示。

图 10-138   图 10-139

将时间指示器移至第 7 秒的位置，单击 V4 轨道上的【添加/移除关键帧】按钮，在第 7 秒的位置给素材添加一个关键帧，如图 10-140 所示。

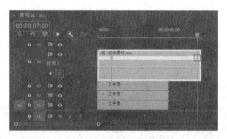

图 10-140

STEP 3 按住鼠标左键将第一段速度线向上拖曳，如图 10-141 所示。提升第一部分的运动速度至 270%，如图 10-142 所示。

图 10-141   图 10-142

按住鼠标左键将第二段速度线向下拖曳，如图 10-143 所示。降低第二部分的运动速度至 20%，如图 10-144 所示。

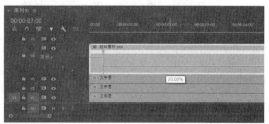

图 10-143   图 10-144

STEP▲4 选中【时间轴】上的关键帧，按住鼠标左键向右拖曳，将关键帧一分为二，如图 10-145 所示。调整速度线上的手柄将折线变为曲线，让动画之间的过渡更加平滑，如图 10-146 所示。

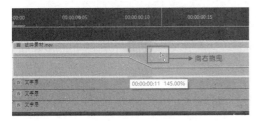

图 10-145　　　　　　　　　　　　　　　　图 10-146

STEP▲5 在【效果】面板中搜索【亮度键】，找到【视频效果】下的【亮度键】效果，将其拖曳到 V4 轨道的破碎素材上，如图 10-147 所示。

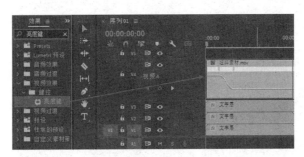

图 10-147

文字冲击粉碎的效果就制作完成了，如图 10-148 所示。

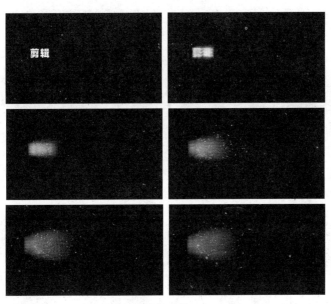

图 10-148

10.4 本章小结

本章主要介绍了短视频特效的综合运用。通过 3 个综合案例，把前几章的知识点进行了综合运用。

读者了解的效果越多，能做出的特效就越复杂，也更炫酷。如何合理利用软件内部、外部的素材和软件自带的效果也是本章的重点。

10.5 课后练习：文字扫光+粒子消散特效

本章的重点是素材和效果的结合，请结合相关知识制作文字扫光和粒子消散的特效，效果如图 10-149 所示。

文字扫光+粒子
消散特效

图 10-149

在前面制作文字扫光效果时，用的是【遮罩】效果，但这里要制作的是金色的扫光效果，所以要用到一段视频素材，素材效果如图 10-150 所示。文字的粒子消散效果也使用两段视频素材来实现，素材效果如图 10-151 所示。

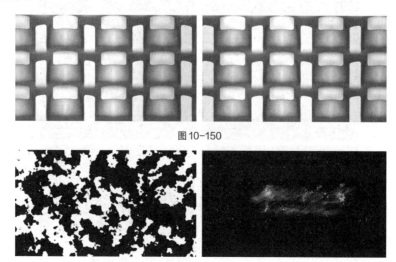

图 10-150

图 10-151

【关键步骤提示】

（1）新建文字并排版布局。在【监视器】面板中新建文字，并调整文字的字体、大小、间距，如图 10-152 所示。

（2）制作文字扫光效果。添加【轨道遮罩键】效果，将图 10-150 所示的素材作为文字的遮罩层，效果如图 10-153 所示。

图 10-152   图 10-153

（3）制作文字渐显效果。利用图 10-151 所示的素材和【轨道遮罩键】效果制作文字渐显效果，效果如图 10-154 所示。

图 10-154

（4）制作文字消散效果。添加粒子飘散素材，并设定素材的位置和大小，以及文字的位置和大小，效果如图 10-155 所示。

图 10-155

Appendix

附录　Premiere 常用快捷键集合

Premiere 常用
快捷键集合

常用基本操作快捷键如表 A 所示。

表 A　　　　　　　　　　　　常用基本操作快捷键

序号	快捷键及功能	序号	快捷键及功能
1	保存：Ctrl + S	11	放大、缩小时间轴：+、-
2	导入：Ctrl + I	12	将素材复制到指定位置：Ctrl + Shift + V
3	导出：Ctrl + M	13	前进或后退一帧：→或→
4	新建项目：Ctrl + N	14	前进 5 帧或后退 5 帧：Shift +→或 Shift +→
5	新建字幕：Ctrl + T	15	标记入点：I
6	剃刀工具：C	16	标记出点：O
7	选择工具：V	17	渲染：Enter
8	复制：Ctrl + C	18	全选：Ctrl + A
9	粘贴：Ctrl + V	19	添加默认视频过渡：Ctrl + D
10	撤销：Ctrl + Z	20	添加默认音频过渡：Ctrl + Shift + D

附录 B 自定义快捷键

Premiere 支持自定义快捷键，具体设置方法如下。

选择【编辑>快捷键】命令，也可以按组合键 Ctrl + Alt + K，如图 B1 所示。此时会弹出【键盘快捷键】对话框，如图 B2 所示。

图 B1

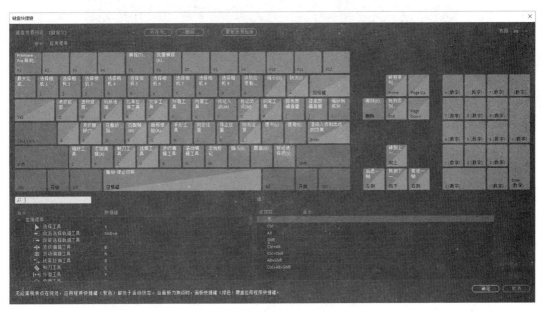

图 B2

在【键盘快捷键】对话框中可以清楚地看到软件内置的一些快捷键，如剃刀工具 C、选择工具 V、添加标记 M 等。

若想更改【添加编辑】的快捷键，就可以在搜索框中搜索"添加编辑"，此时可以看到 Premiere 自带的组合键是 Ctrl+K，如图 B3 所示。

图 B3

而 Ctrl 键和 K 键相隔得又比较远，使用时必须把握住鼠标的右手移至键盘的 K 键上，这样就比较麻烦。因此，我们可以为【添加编辑】新设置一个快捷键。在【添加编辑】选项后面的空白处单击，会出现一个蓝色的方框，如图 B4 所示。此时只需要在英文输入状态下，按要设置的键，例如 X 键，那么 X 键也具备了【添加编辑】的功能，如图 B5 所示。

图 B4

图 B5

更改完成后，单击【确定】按钮，【添加编辑】功能对应的新快捷键即生效，如图 B6 所示。

图 B6